Uta Bachler / Melanie Dietz

Mathematik im Alltag

Motivierende Aufgaben zur sonderpädagogischen Förderung

7.–9. Klasse

PERSEN

Die Autorinnen

Uta Bachler ist Lehrerin an einer Förderschule mit dem Förderschwerpunkt Lernen und dem Förderschwerpunkt körperliche und motorische Entwicklung.

Melanie Dietz ist Lehrerin an einer Förderschule mit dem Förderschwerpunkt Lernen.

Gedruckt auf umweltbewusst gefertigtem, chlorfrei gebleichtem und alterungsbeständigem Papier.

3. Auflage 2020

Grafik: Mele Brink
Satz: Typographie & Computer, Krefeld

ISBN: 978-3-403-**23424**-1

www.persen.de

Inhaltsverzeichnis

Rund ums Geld

In der Schule

Im Straßenverkehr

Haushalt und Wohnen

In der Freizeit

Auf der CD: Arbeitsblätter als veränderbare Worddateien
Lösungsblätter

Schüler[1] konfrontieren ihre Lehrer immer wieder mit der Frage: „*Wofür lernen wir das überhaupt?*“ Diese berechtigte Schülerfrage verdeutlicht, dass Lehrer nicht nur die Aufgabe haben, mathematisches Wissen zu vermitteln, sondern ebenso Situationen aufzuzeigen und zu thematisieren, die mathematisches Verständnis erfordern. Nur auf diesem Weg kann den Schülern die Sinnhaftigkeit des Lernens vermittelt werden.

Mathematik spielt im Alltag eine wichtige Rolle. Ein erfolgreicher Mathematikunterricht ermöglicht es den Schülern, diesen Bezug zum alltäglichen Leben herzustellen. Dazu benötigt der Lehrer geeignete Unterrichtsmaterialien, die Berührungspunkte mit den Erfahrungsfeldern der Schüler aufweisen. So können die Schüler erfassen, warum es sinnvoll ist, bestimmte mathematische Fähigkeiten zu erlernen. Die Einbettung von mathematischen Lerninhalten in Aufgaben, die das alltägliche Leben der Schüler betreffen, ist für den Lernerfolg der Schüler also von großer Bedeutung. Das Übertragen der Mathematik auf schülernahe Alltagssituationen wirkt zudem positiv auf die Motivation der Schüler. Der vorliegende Band „Mathematik im Alltag“ bietet Ihnen Unterrichtsmaterial, das diese Einbettung in Alltagssituationen konsequent umsetzt und mit dem Sie Ihren Schülern den Alltagsbezug aufzeigen können.

Die Arbeitsblätter des Bandes sind dabei in fünf Themenbereiche aus der Lebenswelt der Schüler unterteilt. In jedem Themenkomplex bearbeiten die Schüler verschiedene mathematische Inhalte aus alltäglicher Sicht und lernen dabei, Alltagsprobleme mathematisch zu analysieren und zu durchdringen. So erwerben sie zunehmend die Fähigkeit, ihr mathematisches Wissen auch im täglichen Leben anzuwenden und Probleme zu lösen.

Neben dem Aufzeigen der Alltagsrelevanz muss der Lehrer unterschiedlichen Schülern und ihren verschiedenen Wegen der Aneignung eines Lerngegenstandes gerecht werden. Die unterschiedlichen Lern- und Entwicklungsvoraussetzungen der Schüler stellen im Mathematikunterricht hohe Anforderungen an den Unterricht und den Lehrer, der gerade an Förderschulen nicht selten fachfremd unterrichtet. Auch der inklusive Unterricht an der Regelschule erfordert gezielte Unterstützung der Schüler mit sonderpädagogischem Förderbedarf.

Damit Sie in Ihrem Unterricht den unterschiedlichen Lern- und Entwicklungsvoraussetzungen Ihrer Schüler entsprechen und binnendifferenziert unterrichten können, stehen Ihnen alle Arbeitsblätter auf der **beigelegten CD als Worddateien** zur Verfügung. Sie können die Arbeitsblätter verändern und an die Bedürfnisse Ihrer Schüler anpassen.

Als weitere Hilfe für die Unterrichtsplanung steht Ihnen eine detaillierte **Übersicht über die mathematischen Lerninhalte** zur Verfügung (s. S. 7 und 8). Der Übersicht können Sie für jedes Arbeitsblatt entnehmen, welche mathematischen Inhalte auf diesem vorkommen und trainiert werden. Dies erleichtert es Ihnen, Materialien zur individuellen Förderung zusammenzustellen oder auch zu erkennen, welche Arbeitsblätter Sie eventuell anpassen müssen (z. B. Dezimalzahlen vereinfachen).

1 Aus Gründen der besseren Lesbarkeit werden in diesem Buch die Begriffe Schüler und Lehrer stellvertretend für Schülerinnen und Schüler, Lehrerinnen und Lehrer verwendet.

Weiterhin sind Arbeitsblätter, die Aufgaben mit einem höheren Schwierigkeitsgrad enthalten bzw. deren Aufgabenstellung komplex ist, als **„Expertenarbeitsblätter“** gekennzeichnet. Auch in der Übersicht über die Lerninhalte und im Inhaltsverzeichnis finden Sie eine Kennzeichnung.

Die **Lösungsblätter auf der beigelegten CD** erleichtern das Korrigieren der bearbeiteten Aufgaben und ermöglichen zudem die Selbstkontrolle durch die Schüler und somit das selbstständige Arbeiten. Dafür sind sie übersichtlich als ausgefüllte Arbeitsblätter gestaltet, denen die Schüler auch Lösungswege entnehmen können.

Inhaltliche Schwerpunkte der einzelnen Kapitel:
Bei den Arbeitsblättern im Kapitel *Rund ums Geld* liegt der Schwerpunkt auf dem *Rechnen mit Geld*. In diesem Kapitel werden alle Grundrechenarten berücksichtigt. Auch der Umgang mit *proportionalen Zuordnungen, Prozent- und Zinsrechnung sowie Flächeninhalten* wird geschult.

In dem Kapitel *In der Schule* trainieren die Schüler insbesondere das *Rechnen mit Größen* sowie den *Umgang mit Tabellen*. Die Schüler beschäftigen sich mit Alltagssituationen zu den Themen *Rechnen mit Zeit und Geld, Prozenten, Daten und Zufall* und lösen diese mathematisch.

Im Straßenverkehr müssen die Schüler mit der *Orientierung in Raum und Zeit* umgehen können. In diesem Kapitel wird der Umgang mit den *Größen Zeit und Geld* gefestigt.

Im Kapitel *Haushalt und Wohnen* beschäftigen sich die Schüler mit den mathematischen Themen *proportionale Zuordnungen, Prozentrechnung, Rechnen mit Geld, Flächeninhalten, Volumen, Zeitspannen und anderen Größen.*

In der Freizeit werden die Schüler immer wieder mit Situationen konfrontiert, bei denen sie Preise und Kosten berechnen und vergleichen müssen. Das sichere *Rechnen mit Geld und anderen Größen, mit Raum und Form sowie mit Daten und Zufall* steht in diesem Kapitel noch einmal im Zentrum.

Arbeitsblatt Nr.	1	2	3	4	5	6	7	8	9	10	11	12	13	14	15	16	17	18	19	20	21	22	23	24	25
Expertenaufgabe									x	x						x					x				
Addition	x	x	x	x		x	x		x	x	x	x	x	x		x	x	x		x	x	x	x	x	x
Subtraktion	x	x	x		x								x	x					x	x			x	x	
Multiplikation	x	x		x		x	x		x	x	x	x	x	x					x		x	x	x	x	x
Division							x		x			x	x	x					x				x		x
Runden							x																		
Überschlagsrechnung					x																				
Vergleichen von Zahlen			x	x	x					x	x	x				x	x	x			x	x	x	x	x
Rechnen mit Geld	x	x	x	x	x	x	x	x	x	x	x	x	x								x	x	x	x	x
Rechnen mit Zeit							x				x								x	x			x		x
Rechnen mit Längen															x										
Rechnen mit Gewichten								x																	
Umfang																									
Fläche, Flächeninhalt									x	x															
Rechnen mit Volumen																									
Symmetrie																									
Rechnen mit Kilowattstunden																									
Zeichnen nach Maßstab															x										
Orientierung im Raum															x										
Durchschnitt berechnen														x											
proportionale Zuordnungen								x	x	x		x													
Brüche																									
Prozentrechnung					x								x											x	
Zinsrechnung						x																			
Wahrscheinlichkeiten, Kombinatorik																			x						
Umgang mit Tabellen														x		x	x								
Kalender lesen																					x				
Fahrpläne lesen																				x					
Rechnen mit Dezimalzahlen	x	x	x	x	x	x	x	x	x	x	x	x	x								x	x	x	x	x

Übersicht über die mathematischen Lerninhalte

Arbeitsblatt Nr.	26	27	28	29	30	31	32	33	34	35	36	37	38	39	40	41	42	43	44	45	46	47	48	49	50
Expertenaufgabe		x								x										x					
Addition	x	x	x			x	x	x	x	x	x		x	x	x	x	x	x	x	x	x	x	x	x	x
Subtraktion	x		x				x	x		x	x			x		x	x		x	x		x		x	x
Multiplikation		x				x		x	x	x	x	x	x	x	x	x	x	x	x	x	x		x	x	x
Division						x	x		x	x			x	x	x	x	x	x	x	x	x		x	x	x
Runden										x									x						
Überschlagsrechnung											x														
Zahlen vergleichen		x	x							x	x	x		x		x		x							
Rechnen mit Geld		x				x	x	x	x	x	x			x	x	x	x		x	x	x				
Rechnen mit Zeit	x		x						x					x	x		x						x		x
Rechnen mit Längen											x	x										x	x	x	
Rechnen mit Gewichten		x										x	x												
Umfang																								x	
Fläche, Flächeninhalt						x				x														x	
Rechnen mit Volumen		x								x		x	x	x					x						
Symmetrie					x																				
Rechnen mit Kilowattstunden															x										
Zeichnen nach Maßstab																								x	
Orientierung im Raum			x	x																			x		
Durchschnitt berechnen																									
proportionale Zuordnungen		x	x			x				x			x	x	x				x				x		
Brüche									x				x								x				
Prozentrechnung								x												x	x			x	
Zinsrechnung																									
Wahrscheinlichkeiten, Kombinatorik																					x				x
Umgang mit Tabellen									x						x	x		x		x					
Kalender lesen																									
Fahrpläne lesen																									
Rechnen mit Dezimalzahlen		x				x	x	x	x	x	x			x	x	x	x	x	x	x	x		x	x	

Du kaufst im Supermarkt ein.

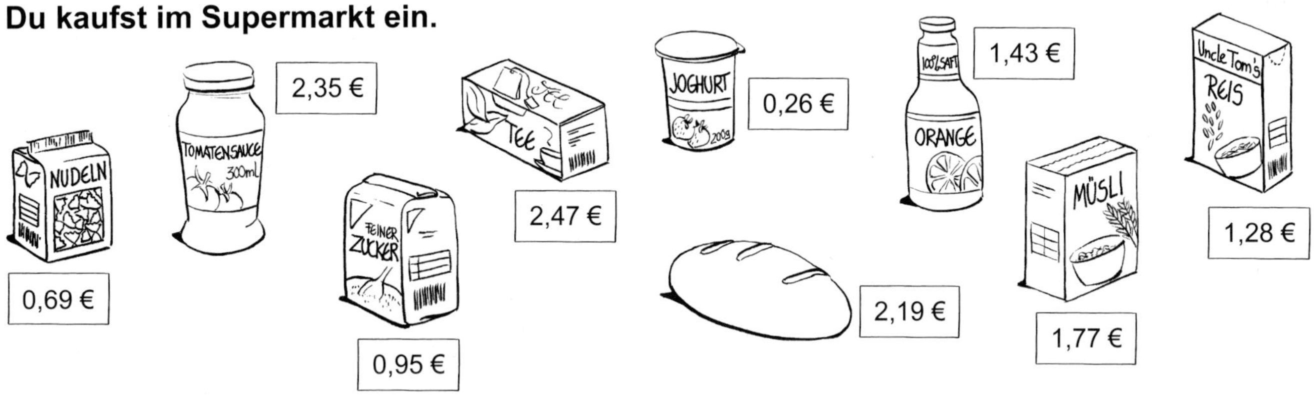

Frage: Wie viel musst du bezahlen?
Kreise ein: Welches Geld gibst du zum Bezahlen?

Frage: Wie viel Geld bekommst du zurück?

Du kaufst:

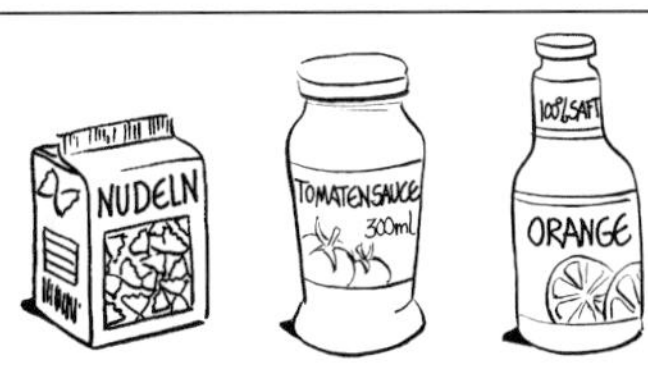

Du hast:

Rechnung:

Antwort: Ich muss ___________ bezahlen und bekomme ___________ zurück.

Du kaufst:

Du hast:

Rechnung:

Antwort: Ich muss ___________ bezahlen und bekomme ___________ zurück.

Du kaufst:

Du hast:

Rechnung:

Antwort: Ich muss ___________ bezahlen und bekomme ___________ zurück.

Du kaufst in der Drogerie ein.

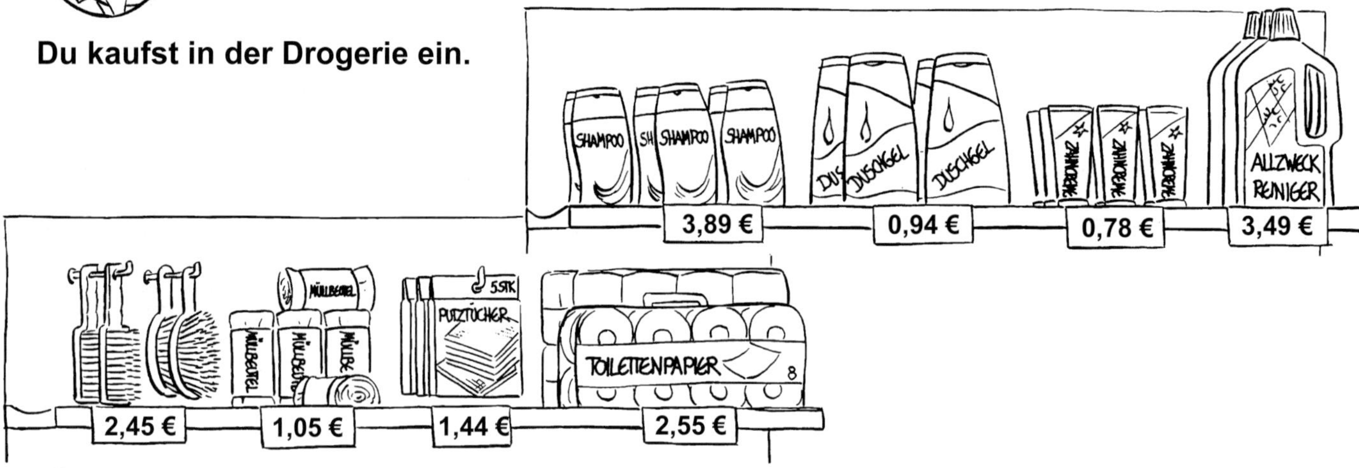

Frage: Wie viel musst du bezahlen?
Kreise ein: Welches Geld gibst du zum Bezahlen?

Frage: Wie viel Geld bekommst du zurück?

Du kaufst:

Du hast:

Rechnung:

Antwort: Ich muss __________ bezahlen und bekomme __________ zurück.

Du kaufst:

Du hast:

Rechnung:

Antwort: Ich muss __________ bezahlen und bekomme __________ zurück.

Du kaufst:

Du hast:

Rechnung:

Antwort: Ich muss __________ bezahlen und bekomme __________ zurück.

Nina hat zu ihrer Konfirmation Geld geschenkt bekommen. 400 Euro zahlt sie auf ihr Sparbuch ein.
Für den Rest des Geldes möchte sie sich auf jeden Fall einen Drucker kaufen und entweder einen Computer mit Monitor, Tastatur und Maus oder einen Laptop. In einem Katalog findet Nina einige Angebote.

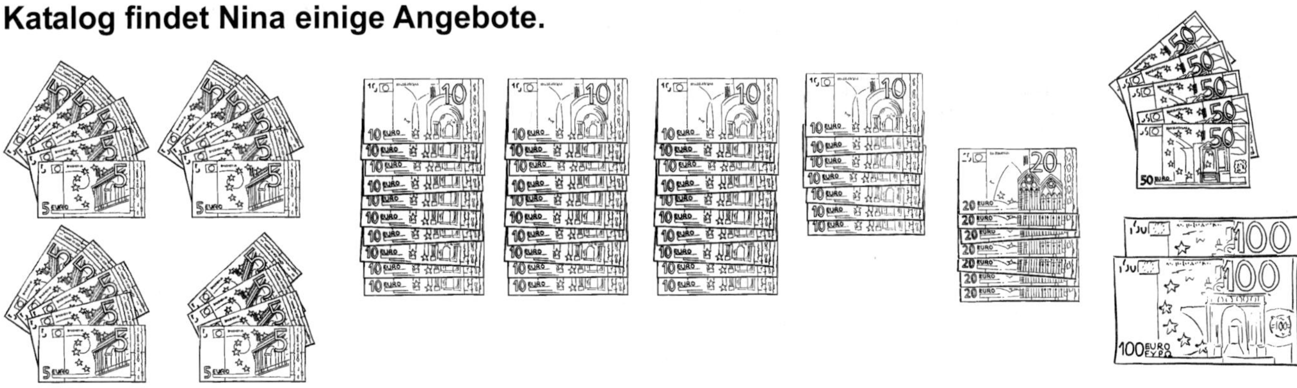

Laptop  **575,99 €**	Computer 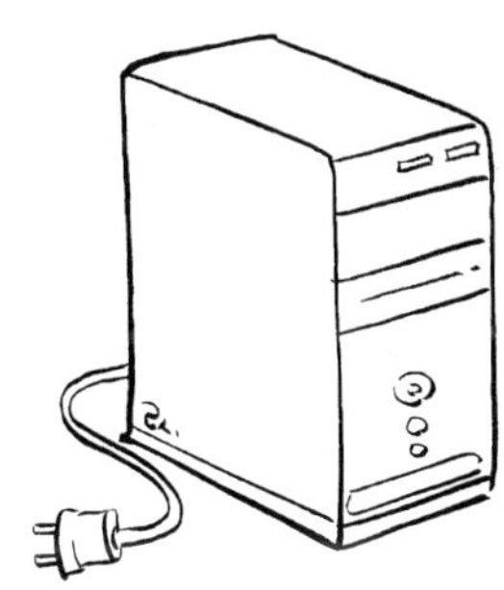 **369,49 €**	Monitor, klein  **108,49 €**
Tasche 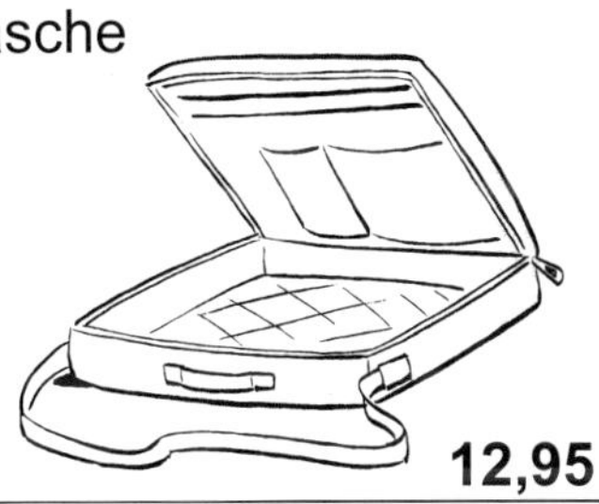 **12,95 €**		Monitor, groß  **189,99 €**
Maus  **4,89 €**	Tastatur  **18,95€**	Drucker 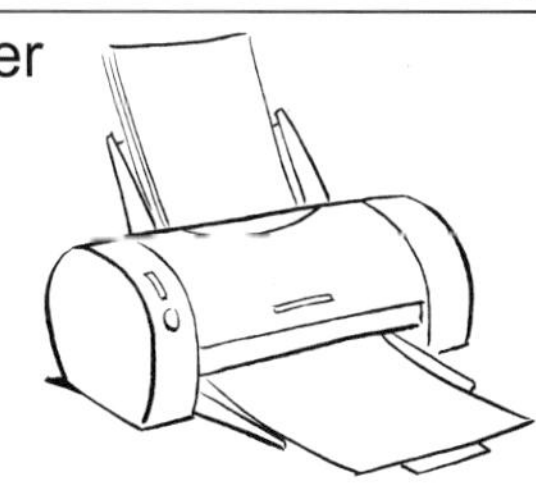 **59,99**

Rechne im Heft.
Schreibe Frage, Rechnung und Antwort in dein Heft.

Frage:
Rechnung:
Antwort:

❶ Wie viel Geld hat Nina zur Konfirmation bekommen?

❷ Wie viel Geld bleibt ihr für den Einkauf?

❸ Was kann Nina für das Geld kaufen? Gib mindestens 2 Möglichkeiten an.

❹ Wähle eine Möglichkeit. Wie viel Geld muss Nina bezahlen? Wie viel Geld behält sie übrig?

Mein neues Handy

Christoph möchte sich ein neues Handy kaufen. Da auch sein Handyvertrag ausläuft, vergleicht er folgende Angebote:

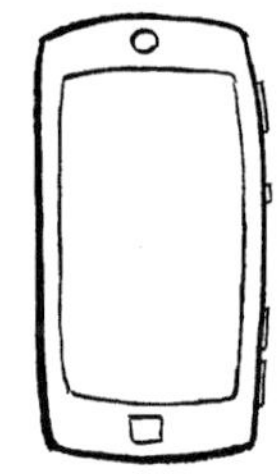

Angebot 1
Handy für 9,95 € mit Vertrag
Laufzeit 24 Monate. Monatliche Kosten: 25,99 €.

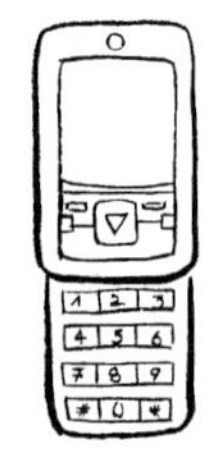

Angebot 2
Handy ohne Vertrag für 189,00 €
Vertrag mit 2 Jahren Laufzeit. Monatliche Kosten: 15,95 €.

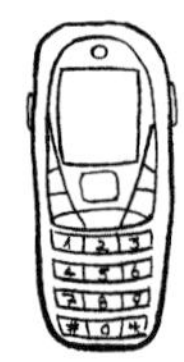

Angebot 3
Handy für 59,00 € mit Vertrag
Laufzeit 24 Monate. Monatliche Kosten: 19,59 €.

Frage: Welches Angebot ist das günstigste?

Rechnung:

Wie viel Euro kosten Handy und und Vertrag für die gesamte Laufzeit?

Antwort:

René macht mit seiner Freundin Annika einen Stadtbummel.

Wo können René und Annika die einzelnen Artikel günstiger einkaufen?

❶ Schätze und kreise den jeweils günstigeren Artikel ein.

Rechne im Heft.

Frage:
Rechnung:
Antwort:

❷ Berechne die reduzierten Preise
a) für das linke Schaufenster.
b) für das rechte Schaufenster.

❸ In welchem Schaufenster sind die einzelnen Artikel günstiger? Kreuze an.

❹ Vergleiche deine Ergebnisse bei 1 und 3.

Irene, Marion und Ina wollen zusammen in den Urlaub fahren.
Um zu wissen, wie viel Geld sie jeweils für den Urlaub ausgeben können, rechnen die drei aus, wie viel Geld sie am Ende des Jahres auf ihrem Konto haben.

Bis zum Jahresende sind es noch 6 Monate. Hilf den Mädchen beim Ausrechnen.

Rechne im Heft.
Schreibe Frage, Rechnung und Antwort in dein Heft.

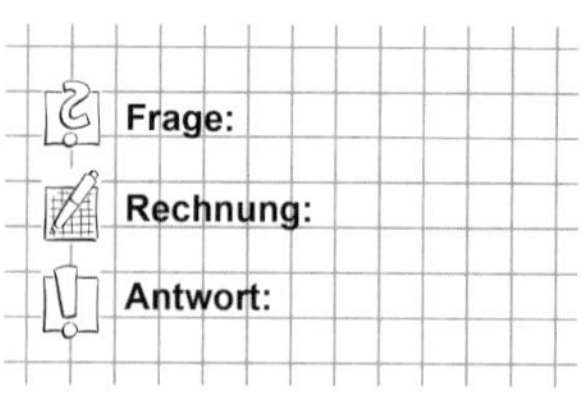

❶ Wie viel Geld haben die drei in 6 Monaten jeweils auf ihrem Konto?

❷ Wie viel Zinsen bekommen die drei jeweils am Ende des Jahres?

❸ Wie lautet der neue Kontostand der drei Mädchen?

Zeitungen austragen

Kai möchte sich etwas Geld verdienen, um sich ein neues Computerspiel für 38,90 € zu kaufen. Seine große Schwester Melina bietet ihm an, ihr beim Zeitungaustragen zu helfen. Die Zeitungen mit Prospekten müssen jeden Mittwoch ausgetragen werden.

Hilf Kai dabei, auszurechnen, wie lange er für das Computerspiel arbeiten muss.

Rechne im Heft.
Schreibe Frage, Rechnung und Antwort in dein Heft.

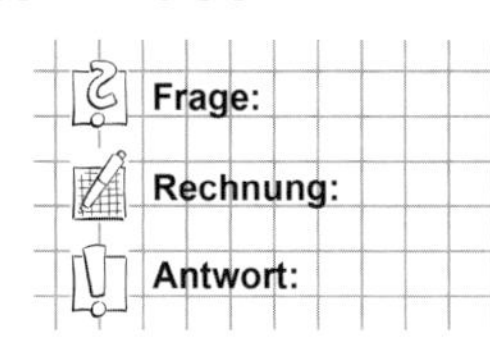

❶ Wie viel Geld verdient Melina pro Haus?

❷ Wie viele Häuser schafft Melina in einer Stunde?

❸ Wie viel Geld kann Kai in einer Stunde verdienen, wenn er genauso viele Häuser schafft wie Melina?

❹ Wie viele Wochen muss Kai arbeiten, bis er das Geld für das Computerspiel verdient hat?

Auf dem Markt

Du kaufst auf dem Markt ein:

1 kg = 1000 g

❶ 3 kg Äpfel.

❷ 2,5 kg Birnen.

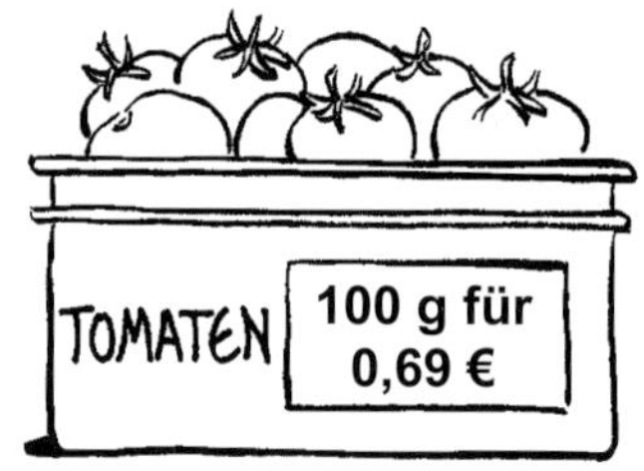

❸ 600 g Tomaten.

❹ 1 kg Möhren.

❺ 6 Mangos.

❻ 1,5 kg Paprika.

❼ 3 kg Kartoffeln.

❽ 800 g Spinat.

❾ 4 Kohlrabis.

❿ 1,5 kg Bananen.

⓫ 3 Töpfe Basilikum.

⓬ 5 kg Zwiebeln.

⓭ 8 Blumen.

⓮ 9 Stangen Lauch.

⓯ ½ Melone.

Rechne im Heft aus, wie viel du jeweils bezahlen musst.

Rasenmähen

AB 9

Tim mäht bei seinem Opa zweimal im Monat den Rasen und bekommt dafür in jedem Monat 97,20 €. Opas Nachbar fragt Tim, ob er auch seinen Rasen mähen möchte. Der Rasen soll einmal im Monat gemäht werden.

Opas Grundstück:

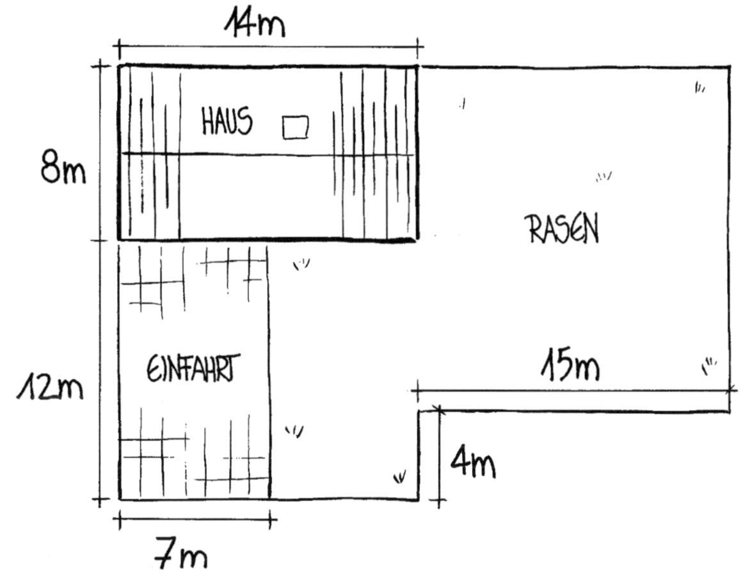

Nachbars Grundstück:

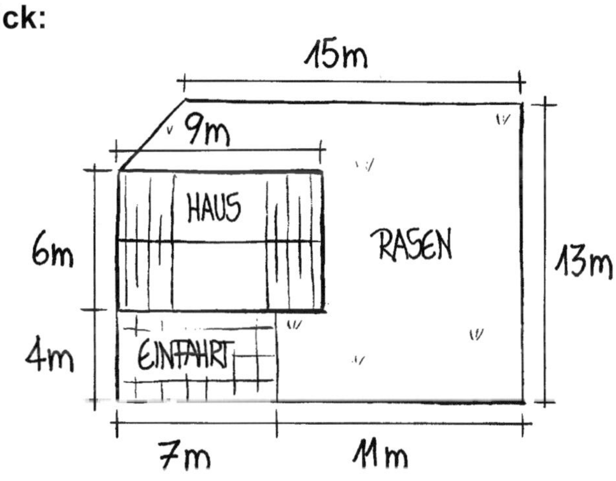

Opas Nachbar möchte Tim auch monatlich für das Rasenmähen bezahlen.
Hilf Tom beim Rechnen.

Rechne im Heft.
Schreibe Frage, Rechnung und Antwort in dein Heft.

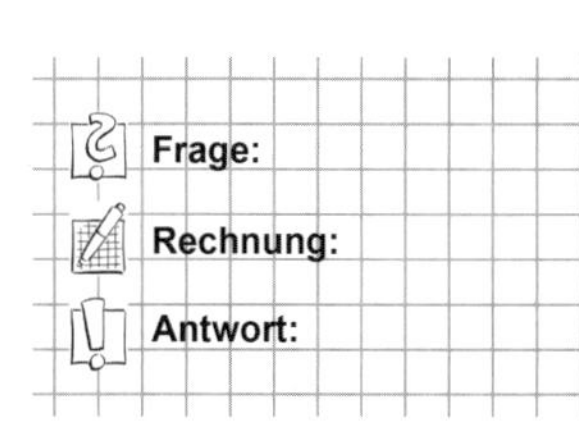

❶ Wie groß ist Opas Rasenfläche?

❷ Wie viel Geld bekommt Tim pro m² Rasen?

❸ Wie groß ist die Rasenfläche von Opas Nachbar?

❹ Wie viel Geld muss der Nachbar für das Rasenmähen monatlich bezahlen, wenn der m²-Preis gleich bleibt?

Gülcan, Nuh, Samuel und Tom wollen Pizza bestellen. Alle vier wollen eine kleine Pizza Funghi essen. Die vier lesen die Speisekarte und möchten ihre Bestellung zum günstigsten Preis haben.

	KLEINE PIZZA	GROẞE PIZZA	FAMILIENPIZZA
	Ø 26 cm	Ø 32 cm	BLECH 60 cm x 40 cm
PIZZA FUNGHI	5,60 €	7,40 €	13 €

Rechne im Heft.
Schreibe Frage, Rechnung und Antwort in dein Heft.

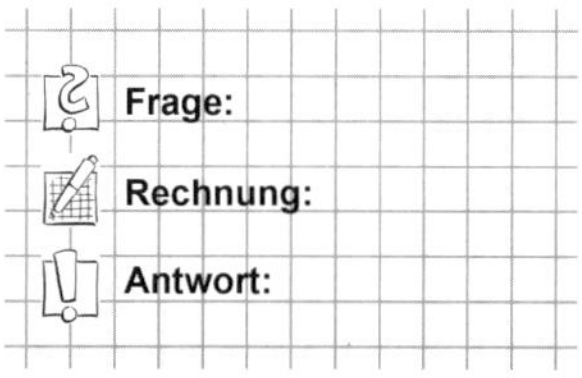

❶ Wie groß ist die kleine Pizza? Berechne den Flächeninhalt.

Rechnet mit $\pi = 3{,}14$

❷ Wie groß ist die große Pizza? Berechne den Flächeninhalt.

❸ Wie groß ist die Familienpizza? Berechne den Flächeninhalt.

❹ Wie viele große Pizzen müssten die Jugendlichen bestellen, damit sie mindestens so viel Pizza (Flächeninhalt) haben wie vier kleine?

❺ Wie viele Familienpizzen müssten die Jugendlichen bestellen, damit sie mindestens so viel Pizza (Flächeninhalt) haben wie vier einzelne kleine?

❻ Welche Bestellung ist am günstigsten?

Die Klasse 9a (7 Schüler und 6 Schülerinnen) plant ihre Abschlussfahrt.
Zur Auswahl steht eine Fahrt nach Hamburg oder eine Fahrt nach Berlin.

<u>Sonnenberg – Jugendherberge in Hamburg</u>

1 Übernachtung im Mehrbettzimmer mit Frühstück 25,90 € pro Person
Verpflegung:
Lunchpaket: 5,30 € pro Person und Tag
Abendessen (Büfett): 7,80 € pro Person und Tag

<u>Jugendgästehaus am Zehntenstein in Berlin</u>

2 Übernachtungen im Mehrbettzimmer mit Frühstück 74,50 € pro Person
Verpflegung:
Lunchpaket: 4,90 € pro Person und Tag
Abendessen (Büfett): 8,60 € pro Person und Tag

Die Schüler wollen ausrechnen, welche Fahrt günstiger ist.

Rechne im Heft.
Schreibe jeweils Frage, Rechnung und Antwort auf.

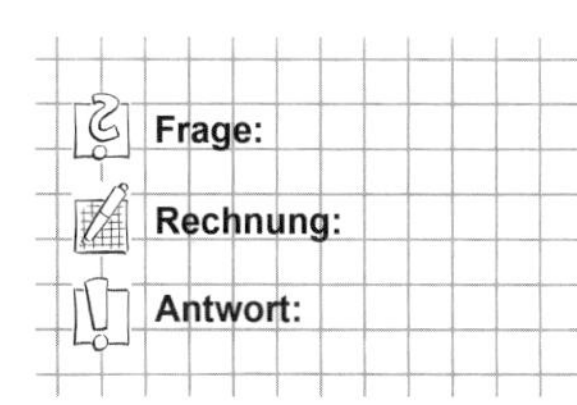

❶ Wie viele Übernachtungen müssen die Schüler buchen, wenn sie eine Klassenfahrt von Montag bis Freitag machen möchten?

❷ Wie viel Euro kosten die Übernachtungen mit Frühstück für alle Schüler in der Jugendherberge in Hamburg?

❸ Wie viel Euro kosten die Übernachtungen mit Frühstück für alle Schüler im Jugendgästehaus in Berlin?

❹ Wie viel kostet die Verpflegung insgesamt in der Jugendherberge in Hamburg?

❺ Wie viel kostet die Verpflegung insgesamt im Jugendgästehaus in Berlin?

❻ Wie viel Euro kosten Unterkunft und Verpflegung in Hamburg zusammen?

❼ Wie viel Euro kosten Unterkunft und Verpflegung in Berlin zusammen?

❽ Welche Fahrt ist insgesamt günstiger?

Die Erich Kästner Schule veranstaltet ein Sommerfest. Bei der Planung sollen alle Klassen helfen. Die Klasse 9b ist für die Verpflegung zuständig.
Dieses Jahr rechnet die Schule mit mindestens 550 Gästen.
Im letzten Jahr wurde das Fest von ca. 400 Personen besucht. Es wurden 8 Kisten Wasser, 16 Kisten Limonade, 24 Kisten Cola, 304 Würstchen und 248 Portionen Pommes Frites verbraucht.

Rechne im Heft.
Schreibe jeweils Frage, Rechnung und Antwort auf.

Frage:
Rechnung:
Antwort:

❶ Wie viele Kisten Wasser, Limonade und Cola sollten in diesem Jahr mindestens gekauft werden?

❷ Wie viele Würstchen sollten mindestens gekauft werden?

❸ Wie viele Tüten Pommes sollten mindestens gekauft werden, wenn eine Tüte für ca. 5 Portionen ausreicht?

Die Klasse vergleicht die folgenden Angebote für Getränke und Essen:

Getränkehandel Eisenbach	
1 Kiste Wasser	1,69 €
1 Kiste Limonade	13,45 €
1 Kiste Cola	9,99 €

Moller Lebensmittel	
1 Packung Würstchen (10 Stück)	7,09 €
1 Tüte Pommes Frites	0,79 €

MR. DURST GETRÄNKEMARKT	
1 Kiste Wasser	1,84 €
1 Kiste Limonade	12,98 €
1 Kiste Cola	10,08 €

Fachmarkt Lebensmittel Schulze	
1 Packung Würstchen (10 Stück)	6,89 €
1 Tüte Pommes Frites	0,85 €

❹ Wie viel Euro kosten die Getränke insgesamt bei den beiden Getränkemärkten? Welches Angebot sollte die Klasse nehmen?

❺ Wie viel Euro kosten Würstchen und Pommes insgesamt bei den beiden Lebensmittelmärkten? Welches Angebot sollte die Klasse nehmen?

❻ Wie viel Euro kosten Getränke und Essen zusammen?

Bücherbestellung für die Klasse

**Die Klasse 8b der Oberbergschule möchte eine Lektüre lesen.
Um etwas Rabatt zu bekommen, bestellen die Schüler alle Bücher gemeinsam.**

1. Buch: voller Preis
2. Buch: 3 % Rabatt auf den vollen Preis
3. Buch: 5 % Rabatt auf den vollen Preis
4. Buch: 7 % Rabatt auf den vollen Preis
5. Buch und jedes weitere: 9 % Rabatt auf den vollen Preis

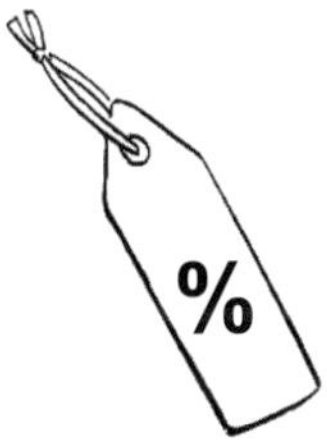

**Die Lektüre kostet 25,00 €. Die Klasse 8b besteht aus 7 Mädchen und 5 Jungen.
3 Schüler haben die Lektüre bereits von ihren älteren Geschwistern.**

Rechne im Heft.
Schreibe Frage, Rechnung und Antwort in dein Heft.

Frage:
Rechnung:
Antwort:

❶ Wie viele Bücher muss die Klasse bestellen?

❷ Wie viel Euro kostet das 2. Buch?

❸ Wie viel Euro kostet das 3. Buch?

❹ Wie viel Euro kostet das 4. Buch?

❺ Wie viel Euro kostet das 5. und jedes weitere Buch?

❻ Wie viel Euro kosten alle bestellten Bücher zusammen?

Die Schüler wollen den Gesamtbetrag gleichmäßig untereinander aufteilen.

❼ Kann der Betrag gleichmäßig auf die Schüler aufgeteilt werden?
Gib eine Lösung an, wie viel Euro jeder Schüler bezahlen muss.

❽ Wie viel Geld spart jeder Schüler im Vergleich zu dem vollen Preis?

Eine Klassenarbeit bewerten

Die Klasse 7c hat gestern eine Mathearbeit geschrieben.
Die Schüler möchten die Arbeit gerne heute wieder zurück haben, aber der Lehrer hat noch keine Noten unter die Arbeiten geschrieben. Gemeinsam wollen sie dies nun nachholen und den Notenspiegel erstellen sowie den Klassendurchschnitt berechnen.

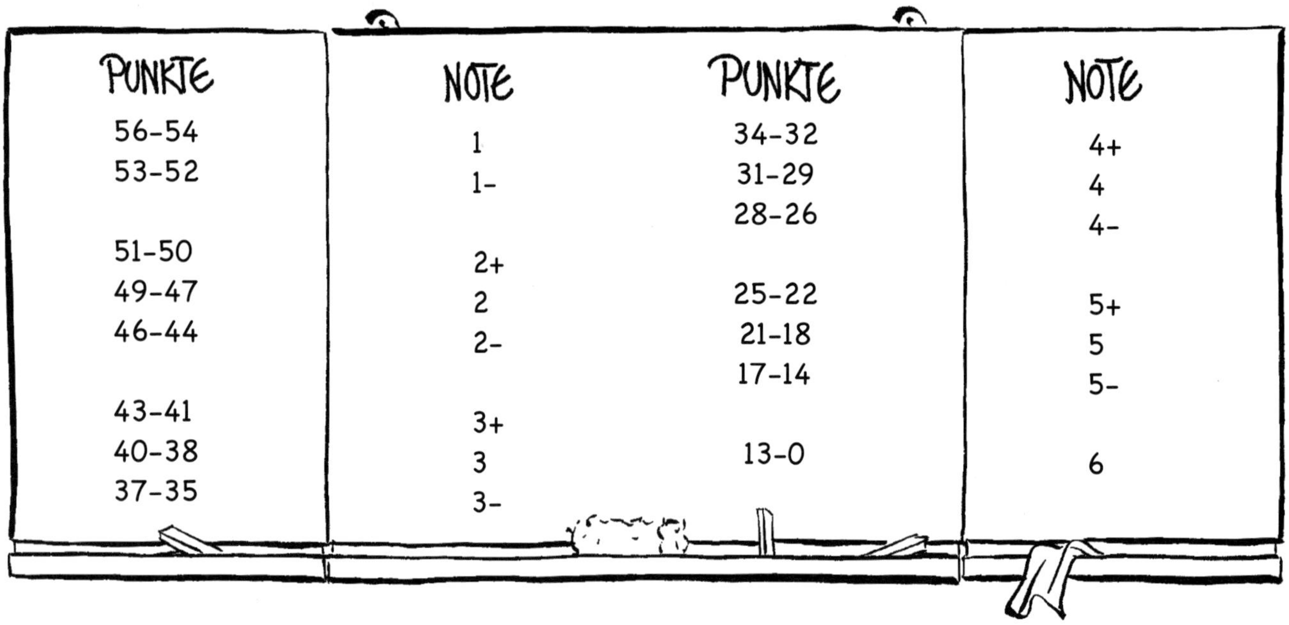

❶ Welche Noten haben die Schüler? Ergänze die Tabelle.

Name	Punkte	Note	Name	Punkte	Note
	54			55	
	36			38	
	47			27	
	29			36	
	50			9	
	11			41	

❷ Erstelle einen Notenspiegel. Ergänze die Tabelle.

Note	1	2	3	4	5	6
Anzahl						

Rechne im Heft.

❸ Berechne den Klassendurchschnitt. Runde auf eine Stelle hinter dem Komma.

Der Klassendurchschnitt liegt bei: ☐

Die beiden 9. Klassen bereiten ihre Abschlussfeier vor. In der Aula sollen genügend Sitzplätze für 47 Personen bereit stehen. Drei Schüler haben den Raum und die Möbel ausgemessen: Die Aula ist 8 Meter lang und 8 Meter breit.
Es stehen 30 Einzeltische und 20 Doppeltische zur Verfügung.

70 cm × 60 cm
30 Stück

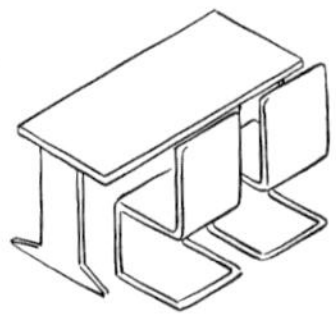
120 cm × 60 cm
20 Stück

Frage: Es müssen Tische und Stühle für 47 Personen in die Aula. Wie kann die Aula eingerichtet werden? Fertige eine Zeichnung im Maßstab 1:50 an.

Maßstab 1:50 heißt: 1 cm in deiner Zeichnung = 50 cm in der Wirklichkeit.

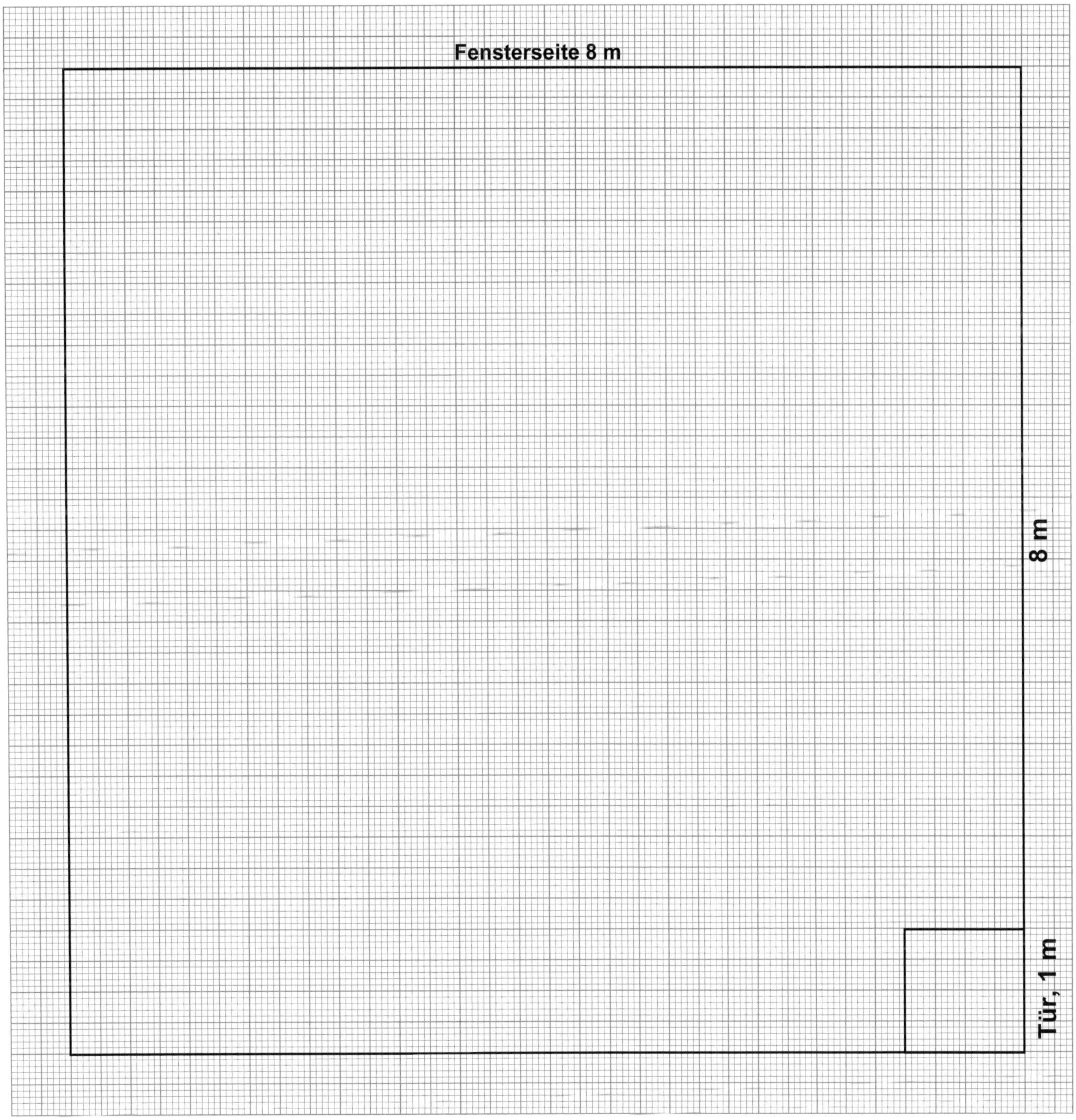

Die Abschlussfeier vorbereiten **zu AB 15**

Zeichne die Möbel zuerst im richtigen Maßstab (1:50) auf Millimeterpapier und schneide sie dann aus.
Danach kannst du sie auf den Grundriss der Aula legen und ausprobieren, wie sie am besten in die Aula passen.

Handballturnier

Die Klasse 9b der Winterbergschule organisiert ein Handballturnier. Am Vormittag haben die 8 Klassen in 2 Gruppen nach dem Prinzip „JEDER GEGEN JEDEN“ die Gruppenplatzierungen ausgespielt.

Spielplan mit den Spielergebnissen			
Gruppe 1 (Klassen 5a, 5b, 6a, 6b)		**Gruppe 2 (Klassen 7, 8, 9a, 9b)**	
5a – 5b	8 : 6	7 – 8	4 : 9
6a – 6b	7 : 2	9a – 9b	8 : 8
5a – 6a	5 : 6	7 – 9a	3 : 6
5b – 6b	5 : 3	8 – 9b	5 : 5
5a – 6b	6 : 2	7 – 9b	3 : 6
5b – 6a	4 : 9	8 – 9a	10 : 4

Am Nachmittag sollen die Platzierungsspiele stattfinden. Die Schüler der Klasse 9b müssen zuerst die Gruppentabellen berechnen.

Rechne im Heft.
Schreibe deine Ergebnisse in die Tabellen.

Gruppentabellen							
Gruppe 1				**Gruppe 2**			
Platz	**Mannschaft**	**Punkte**	**Tore**	**Platz**	**Mannschaft**	**Punkte**	**Tore**
1		:	:	**1**		:	:
2		:	:	**2**		:	:
3		:	:	**3**		:	:
4		:	:	**4**		:	:

❶ Wie viele Punkte haben die Mannschaften erreicht?

❷ Wie viele Tore haben die Mannschaften geworfen?

❸ Wie viele Gegentore haben die Mannschaften kassiert?

Sieg = 2 : 0 Punkte
unentschieden = 1 : 1 Punkte
verlorenes Spiel = 0 : 2 Punkte

Danach können die Schüler der 9b die Klassen für die Platzierungsspiele aufstellen.

Platzierungsspiele	
Spiel um Platz 7:	**Halbfinale**
4. Platz Gruppe 1 : 4. Platz Gruppe 2	1. Platz Gruppe 1 : 2. Platz Gruppe 2
:	:
Spiel um Platz 5:	2. Platz Gruppe 1 : 1. Platz Gruppe 2
3. Platz Gruppe 1 : 3. Platz Gruppe 2	
:	:

❹ Wer spielt in den Platzierungsspielen gegen wen? Vervollständige die Tabelle.

Bundesjugendspiele (Mädchen)

An der Anne-Frank-Schule werden die Bundesjugendspiele durchgeführt. Für die Wertung müssen in den vier Bereichen Sprint, Lauf, Sprung und Wurf drei Disziplinen absolviert werden. Es wird jedoch empfohlen, einen Vierkampf durchzuführen und dann bei der Berechnung der Gesamtpunktzahl das schlechtere Laufergebnis zu streichen. Die Schülerinnen müssen daher im 100-Meter-Lauf, 800-Meter-Lauf, Weitsprung und Ballwurf antreten.

Die Mädchen der Klasse 9a erreichten folgende Einzelergebnisse:

Name / Punkte	Amanda	Punkte	Jil	Punkte	Aira	Punkte	Esra	Punkte
100-m-Lauf	14,6		18,7		17,1		14,7	
800-m-Lauf	2:48		4:15		3:34		2:37	
Ballwurf (200 g)	37,0 40,5 29,5		36,5 28,8 36,0		22,5 18,0 16,5		15,0 17,5 13,5	
Weitsprung	3,61 3,21 3,77		1,97 1,85 2,01		2,77 2,97 2,93		2,33 2,17 2,21	
Gesamt-punktzahl								

Nutze für die Berechnung der Punkte die Bewertungstabellen für die Bundesjugendspiele (Mädchen).

Beim Ballwurf und Weitsprung wird jeweils nur das beste Ergebnis bewertet.
Tipp: Kreise jeweils das beste Ergebnis ein.

❶ Wie viele Punkte erreichte jedes Mädchen in den einzelnen Disziplinen? Trage die Punkte in die Tabelle ein.

❷ Streiche in der Tabelle bei jedem Mädchen das Laufergebnis mit der niedrigeren Punktzahl.

❸ Wie viele Punkte erreichte jedes Mädchen insgesamt? Rechne im Heft und trage deine Ergebnisse in die Tabelle ein.

❹ Welche Urkunden erhalten die Mädchen? Markiere in der Tabelle Teilnahmeurkunden blau, Siegerurkunden rot und Ehrenurkunden gelb.

Teilnahmeurkunde:	unter 875 Punkten
Siegerurkunde:	ab 875 Punkten
Ehrenurkunde:	ab 1075 Punkten

Bewertungstabellen Bundesjugendspiele Mädchen

100 m	24,6	24,5	24,4	24,3	24,2	24,1	24,0	23,9	23,8	23,7	23,6	23,5	23,4	23,3	23,2	23,1	23,0	22,9	22,8	22,7	22,6	22,5	22,4	22,3	22,2
	2	5	7	10	13	15	18	20	23	26	28	31	34	36	39	42	45	48	50	53	56	59	62	65	68
	22,1	22,0	21,9	21,8	21,7	21,6	21,5	21,4	21,3	21,2	21,1	21,0	20,9	20,8	20,7	20,6	20,5	20,4	20,3	20,2	20,1	20,0	19,9	19,8	19,7
	71	74	77	80	84	87	90	93	97	100	103	106	110	113	117	120	124	127	131	135	138	142	146	149	153
	19,6	19,5	19,4	19,3	19,2	19,1	19,0	18,9	18,8	18,7	18,6	18,5	18,4	18,3	18,2	18,1	18,0	17,9	17,8	17,7	17,6	17,5	17,4	17,3	17,2
	157	161	165	169	173	177	181	185	189	194	198	202	207	211	215	220	225	229	234	239	243	248	253	258	263
	17,1	17,0	16,9	16,8	16,7	16,6	16,5	16,4	16,3	16,2	16,1	16,0	15,9	15,8	15,7	15,6	15,5	15,4	15,3	15,2	15,1	15,0	14,9	14,8	14,7
	268	273	278	283	289	294	299	305	310	316	322	327	333	339	345	351	357	363	370	376	383	389	396	402	409
	14,6	14,5	14,4	14,3	14,2	14,1	14,0	13,9	13,8	13,7	13,6	13,5	13,4	13,3	13,2	13,1	13,0	12,9	12,8	12,7	12,6	12,5	12,4	12,3	12,2
	416	423	430	437	444	452	459	467	475	482	490	498	506	515	523	532	540	549	558	567	576	585	595	604	614
	12,1	12,0	11,9	11,8	11,7	1t,6	11,5	11,4	11,3	11,2	11,1	11,0	10,9	10,8											
	624	634	644	655	666	676	687	698	710	721	733	745	757	770											

800 m	6:30	6:25	6:20	6:15	6:10	6:05	6:00	5:56	5:52	5:48	5:44	5:40	5:36	5:32	5:28	5:24	5:20	5:16	5:12	5:08	5:04	5:00	4:57	4:54	4:51
	4	8	12	17	21	26	30	34	38	42	46	50	55	59	64	68	73	78	83	88	94	99	103	107	112
	4:48	4:45	4:42	4:39	4:36	4:33	4:30	4:27	4:24	4:21	4:18	4:15	4:12	4:09	4:06	4:03	4:00	3:58	3:56	3:54	3:52	3:50	3:48	3:46	3:44
	116	121	125	130	135	140	145	150	155	161	166	172	177	183	189	196	202	206	211	215	220	224	229	234	239
	3:42	3:40	3:38	3:36	3:34	3:32	3:30	3:28	3:26	3:24	3:22	3:20	3:18	3:16	3:14	3:12	3:10	3:08	3:06	3:04	3:02	3:00	2:59	2:58	2:57
	244	249	254	259	265	270	276	281	287	293	299	305	311	318	324	331	338	344	352	359	366	374	378	381	385
	2:56	2:55	2:54	2:53	2:52	2:51	2:50	2:49	2:48	2:47	2:46	2:45	2:44	2:43	2:42	2:41	2:40	2:39	2:38	2:37	2:36	2:35	2:34	2:33	2:32
	389	393	397	402	406	410	414	418	423	427	432	436	441	445	450	455	460	464	469	474	479	485	490	495	500
	2:31	2:30	2:29	2:28	2:27	2:26	2:25	2:24	2:23	2:22	2:21	2:20	2:19	2:18	2:17	2:16	2:15	2:14	2:13	2:12	2:11	2:10	2:09	2:08	2:07
	506	511	517	522	528	534	540	545	551	558	564	570	576	583	589	596	603	610	616	624	631	638	645	653	660
	2:06	2:05	2:04	2:03	2:02	2:01	2:00																		
	668	676	684	692	700	709	717																		

Weitsprung	1,21	1,25	1,29	1,33	1,37	1,41	1,45	1,49	1,53	1,57	1,61	1,65	1,69	1,73	1,77	1,81	1,85	1,89	1,93	1,97	2,01	2,05	2,09	2,13	2,17
	3	11	20	28	37	45	53	61	68	76	84	91	99	106	113	121	128	135	142	149	155	162	169	175	182
	2,21	2,25	2,29	2,33	2,37	2,41	2,45	2,49	2,53	2,57	2,61	2,65	2,69	2,73	2,77	2,81	2,85	2,89	2,93	2,97	3,01	3,05	3,09	3,13	3,17
	188	195	201	208	214	220	226	232	238	245	250	256	262	268	274	280	285	291	297	302	308	313	319	324	330
	3,21	3,25	3,29	3,33	3,37	3,41	3,45	3,49	3,53	3,57	3,61	3,65	3,69	3,73	3,77	3,81	3,85	3,89	3,93	3,97	4,01	4,05	4,09	4,13	4,17
	335	340	346	351	356	362	367	372	377	382	387	392	397	402	407	412	417	422	427	432	437	441	446	451	456
	4,21	4,25	4,29	4,33	4,37	4,41	4,45	4,49	4,53	4,57	4,61	4,65	4,69	4,73	4,77	4,81	4,85	4,89	4,93	4,97	5,01	5,05	5,09	5,13	5,17
	460	465	470	474	479	483	488	493	497	502	506	511	515	519	524	528	533	537	541	546	550	554	558	563	567
	5,21	5,25	5,29	5,33	5,37	5,41	5,45	5,49	5,53	5,57	5,61	5,65	5,69	5,73	5,77	5,81	5,85	5,89	5,93	5,97	6,01	6,05	6,09	6,13	6,17
	571	575	580	584	588	592	596	600	604	608	613	617	621	625	629	633	637	641	645	648	652	656	660	664	668
	6,21	6,25	6,29	6,33	6,37	6,41	6,45	6,49	6,53	6,57	6,61	6,65	6,69	6,73	6,77	6,81									
	672	676	680	683	687	691	695	699	702	706	710	714	717	721	725	728									

Ballwurf (200 g)	2,5	3,0	3,5	4,0	4,5	5,0	5,5	6,0	6,5	7,0	7,5	8,0	8,5	9,0	9,5	10,0	10,5	11,0	11,5	12,0	12,5	13,0	13,5	14,0	14,5
	15	30	43	56	67	79	89	99	109	118	127	136	144	152	160	168	175	183	190	197	204	210	217	223	230
	15,0	15,5	16,0	16,5	17,0	17,5	18,0	18,5	19,0	19,5	20,0	20,5	21,0	21,5	22,0	22,5	23,0	23,5	24,0	24,5	25,0	25,5	26,0	26,5	27,0
	236	242	248	254	260	266	272	277	283	288	294	299	304	310	315	320	325	330	335	340	345	349	354	359	363
	27,5	28,0	28,5	29,0	29,5	30,0	30,5	31,0	31,5	32,0	32,5	33,0	33,5	34,0	34,5	35,0	35,5	36,0	36,5	37,0	37,5	38,0	38,5	39,0	39,5
	368	373	377	382	386	390	395	399	404	408	412	416	420	425	429	433	437	441	445	449	453	457	461	464	468
	40,0	40,5	41,0	41,5	42,0	42,5	43,0	43,5	44,0	44,5	45,0	45,5	46,0	46,5	47,0	47,5	48,0	48,5	49,0	49,5	50,0	50,5	51,0	51,5	52,0
	472	476	480	483	487	491	494	498	502	505	509	513	516	520	523	527	530	534	537	540	544	547	551	554	557
	52,5	53,0	53,5	54,0	54,5	55,0	55,5	56,0	56.5	57,0	57,5	58,0	58,5	59,0	59,5	60,0	60,5	61,0	61,5	62,0	62,5	63,0	63,5	64,0	64,5
	561	564	567	571	574	577	580	584	587	590	593	596	599	603	606	609	612	615	618	621	624	627	630	633	636
	65,0	65,5	66,0	66,5	67,0	67,5	68,0	68,5	69,0	69,5	70,0	70,5	71,0	71,5	72,0	72,5	73,0	73,5	74,0						
	639	642	645	648	651	654	657	660	663	666	669	671	674	677	680	683	686	688	691						

Bundesjugendspiele (Jungen)

An der Anne-Frank-Schule werden die Bundesjugendspiele durchgeführt. Für die Wertung müssen in den vier Bereichen Sprint, Lauf, Sprung und Wurf drei Disziplinen absolviert werden. Es wird jedoch empfohlen, einen Vierkampf durchzuführen und dann bei der Berechnung der Gesamtpunktzahl das schlechtere Laufergebnis zu streichen. Die Schüler müssen daher im 100-Meter-Lauf, 1000-Meter-Lauf, Weitsprung und Ballwurf antreten.

Die Jungen der Klasse 9a erreichten folgende Einzelergebnisse:

Name / Punkte	Hanno	Punkte	Tarik	Punkte	Mehdi	Punkte	Chris	Punkte
100-m-Lauf	13,4		14,6		12,9		17,0	
1000-m-Lauf	3:27		3:42		4:18		5:20	
Ballwurf (200 g)	20,5 19,5 20,5		21,5 19,5 22,0		62,5 57,0 61,0		48,5 51,0 43,5	
Weitsprung	3,33 2,89 3,49		4,09 3,81 4,17		2,45 2,37 2,21		4,33 4,37 4,29	
Gesamt-punktzahl								

Nutze für die Berechnung der Punkte die Bewertungstabellen für die Bundesjugendspiele (Jungen).

Beim Ballwurf und Weitsprung wird jeweils nur das beste Ergebnis bewertet.
Tipp: Kreise jeweils das beste Ergebnis ein.

❶ Wie viele Punkte erreichte jeder Junge in den einzelnen Disziplinen? Trage die Punkte in die Tabelle ein.

❷ Streiche in der Tabelle bei jedem Jungen das Laufergebnis mit der niedrigeren Punktzahl.

❸ Wie viele Punkte erreichte jeder Junge insgesamt? Rechne im Heft und trage deine Ergebnisse in die Tabelle ein.

❹ Welche Urkunden erhalten die Jungen? Markiere in der Tabelle Teilnahmeurkunden blau, Siegerurkunden rot und Ehrenurkunden gelb.

Teilnahmeurkunde:	unter 975 Punkten
Siegerurkunde:	ab 975 Punkten
Ehrenurkunde:	ab 1225 Punkten

Bewertungstabellen Bundesjugendspiele Jungen

100 m	22,6	22,5	22,4	22,3	22,2	22,1	22,0	21,9	21,8	21,7	21,6	21,5	21,4	21,3	21,2	21,1	21,0	20,9	20,8	20,7	20,6	20,5	20,4	20,3	20,2
	5	8	11	14	17	20	22	25	29	32	35	38	41	44	47	51	54	57	60	64	67	71	74	78	81
	20,1	20,0	19,9	19,8	19,7	19,6	19,5	19,4	19,3	19,2	19,1	19,0	18,9	18,8	18,7	18,6	18,5	18,4	18,3	18,2	18,1	18,0	17,9	17,8	17,7
	85	88	92	96	99	103	107	111	114	118	122	126	130	134	138	143	147	151	155	160	164	168	173	177	182
	17,6	17,5	17,4	17,3	17,2	17,1	17,0	16,9	16,8	16,7	16,6	16,5	16,4	16,3	16,2	16,1	16,0	15,9	15,8	15,7	15,6	15,5	15,4	15,3	15,2
	187	191	196	201	206	210	215	220	225	231	236	241	246	252	257	263	268	274	280	285	291	297	303	309	315
	15,1	15,0	14,9	14,8	14,7	14,6	14,5	14,4	14,3	14,2	14,1	14,0	13,9	13,8	13,7	13,6	13,5	13,4	13,3	13,2	13,1	13,0	12,9	12,8	12,7
	322	328	334	341	347	354	361	368	375	382	389	396	404	411	419	426	434	442	450	458	466	475	483	492	501
	12,6	12,5	12,4	12,3	12,2	12,1	12,0	11,9	11,8	11,7	11,6	11,5	11,4	11,3	11,2	11,1	11,0	10,9	10,8	10,7	10,6	10,5			
	509	518	528	537	546	556	566	576	586	596	607	617	628	639	650	662	673	685	697	710	722	735			

1000 m	7:40	7:30	7:20	7:10	7:00	6:55	6:50	6:45	6:40	6:35	6:30	6:25	6:20	6:15	6:10	6:05	6:00	5:56	5:52	5:48	5:44	5:40	5:36	5:32	5:28
	2	10	19	27	37	41	46	51	57	62	67	73	78	84	90	96	103	108	113	119	124	130	136	142	148
	5:24	5:20	5:16	5:12	5:09	5:06	5:03	5:00	4:57	4:54	4:51	4:48	4:45	4:42	4:40	4:38	4:36	4:34	4:32	4:30	4:28	4:26	4:24	4:22	4:20
	154	161	167	174	179	184	190	195	201	207	213	219	225	231	235	239	244	248	253	257	262	266	271	276	281
	4:18	4:16	4:14	4:12	4:10	4:08	4:06	4:04	4:02	4:00	3:58	3:56	3:54	3:52	3:50	3:48	3:46	3:44	3:42	3:40	3:38	3:36	3:35	3:34	3:33
	286	291	296	301	307	312	317	323	329	334	340	346	352	358	364	371	377	384	391	397	404	411	415	419	422
	3:32	3:31	3:30	3:29	3:28	3:27	3:26	3:25	3:24	3:23	3:22	3:21	3:20	3:19	3:18	3:17	3:16	3:15	3:14	3:13	3:12	3:11	3:10	3:09	3:08
	426	430	433	437	441	445	449	453	457	461	465	469	473	477	482	486	490	495	499	503	508	512	517	522	526
	3:07	3:06	3:05	3:04	3:03	3:02	3:01	3:00	2:59	2:58	2:57	2:56	2:55	2:54	2:53	2:52	2:51	2:50	2:49	2:48	2:47	2:46	2:45	2:44	2:43
	531	536	541	546	551	556	561	566	571	576	581	587	592	598	603	609	614	620	626	632	638	644	650	656	662
	2:42	2:41	2:40	2:39	2:38	2:37	2:36	2:35	2:34	2:33	2:32	2:31	2:30	2:29	2:28	2:27	2:26	2:25	2:24	2:23	2:22	2:21			
	669	675	682	688	695	701	708	715	722	729	736	744	751	758	766	774	781	789	797	805	814	822			

Weitsprung	1,33	1,37	1,41	1,45	1,49	1,53	1,57	1,61	1,65	1,69	1,73	1,77	1,81	1,85	1,89	1,93	1,97	2,01	2,05	2,09	2,13	2,17	2,21	2,25	2,29
	1	9	16	24	32	39	46	54	61	68	75	82	89	95	102	109	115	122	128	134	141	147	153	159	165
	2,33	2,37	2,41	2,45	2,49	2,53	2,57	2,61	2,65	2,69	2,73	2,77	2,81	2,85	2,89	2,93	2,97	3,01	3,05	3,09	3,13	3,17	3,21	3,25	3,29
	171	177	183	189	195	201	206	212	218	223	229	234	240	245	251	256	261	266	272	277	282	287	292	297	302
	3,33	3,37	3,41	3,45	3,49	3,53	3,57	3,61	3,65	3,69	3,73	3,77	3,81	3,85	3,89	3,93	3,97	4,01	4,05	4,09	4,13	4,17	4,21	4,25	4,29
	308	313	317	322	327	332	337	342	347	351	356	361	366	370	375	379	384	389	393	398	402	407	411	416	420
	4,33	4,37	4,41	4,45	4,49	4,53	4,57	4,61	4,65	4,69	4,73	4,77	4,81	4,85	4,89	4,93	4,97	5,01	5,05	5,09	5,13	5,17	5,21	5,25	5,29
	424	429	433	438	442	446	450	455	459	463	467	472	476	480	484	488	492	496	500	504	508	513	517	521	524
	5,33	5,37	5,41	5,45	5,49	5,53	5,57	5,61	5,65	5,69	5,73	5,77	5,81	5,85	5,89	5,93	5,97	6,01	6,05	6,09	6,13	6,17	6,21	6,25	6,29
	528	532	536	540	544	548	552	556	560	563	567	571	575	579	582	586	590	594	597	601	605	608	612	616	619
	6,33	6,37	6,41	6,45	6,49	6,53	6,57	6,61	6,65	6,69	6,73	6,77	6,81	6,85	6,89	6,93	6,97	7,01	7,05	7,09	7,13	7,17	7,21	7,25	7,29
	623	627	630	634	638	641	645	648	652	655	659	662	666	669	673	676	680	683	687	690	694	697	700	704	707

Ballwurf (200 g)	4,0	4,5	5,0	5,5	6,0	6,5	7,0	7,5	8,0	8,5	9,0	9,5	10,0	10,5	11,0	11,5	12,0	12,5	13,0	13,5	14,0	14,5	15,0	15,5	16,0
	5	14	24	33	41	49	57	64	71	78	85	92	98	105	111	117	123	128	134	140	145	150	156	161	166
	16,5	17,0	17,5	18,0	18,5	19,0	19,5	20,0	20,5	21,0	21,5	22,0	22,5	23,0	23,5	24,0	24,5	25,0	25,5	26,0	26,5	27,0	27,5	28,0	28,5
	171	176	181	186	190	195	199	204	209	213	217	222	226	230	234	238	243	247	251	255	259	262	266	270	274
	29,0	29,5	30,0	30,5	31,0	31,5	32,0	32,5	33,0	33,5	34,0	34,5	35,0	35,5	36,0	36,5	37,0	37,5	38,0	38,5	39,0	39,5	40,0	40,5	41,0
	278	281	285	289	292	296	300	303	307	310	314	317	320	324	327	331	334	337	341	344	347	350	353	357	360
	41,5	42,0	42,5	43,0	43,5	44,0	44,5	45,0	45,5	46,0	46,5	47,0	47,5	48,0	48,5	49,0	49,5	50,0	50,5	51,0	51,5	52,0	52,5	53,0	53,5
	363	366	369	372	375	378	381	384	387	390	393	396	399	402	405	408	411	414	416	419	422	425	428	430	433
	54,0	54,5	55,0	55,5	56,0	56,5	57,0	57,5	58,0	58,5	59,0	59,5	60,0	60,5	61,0	61,5	62,0	62,5	63,0	63,5	64,0	64,5	65,0	65,5	66,0
	436	439	441	444	447	450	452	455	458	460	463	465	468	471	473	476	478	481	483	486	489	491	494	496	499
	66,5	67,0	67,5	68,0	68,5	69,0	69,5	70,0	70,5	71,0	71,5	72,0	72,5	73,0	73,5	74,0	74,5	75,0	75,5	76,0	76,5	77,0	77,5	78,0	78,5
	501	503	506	508	511	513	516	518	521	523	525	528	530	532	535	537	539	542	544	546	549	551	553	556	558
	79,0	79,5	80,0	80,5	81,0	81,5	82,0	82,5	83,0	83,5	84,0	84,5	85,0	85,5	86,0	86,5	87,0	87,5	88,0						
	560	562	565	567	569	571	574	576	578	580	582	585	587	589	591	593	596	598	600						

Die Klasse 8b der Humboldt-Schule möchte am Schulfest ein Fußballturnier veranstalten.

Insgesamt haben sich 5 Mannschaften angemeldet.

Für die Organisation ihres Fußballturniers müssen die Schüler den Spielplan erstellen. Hilf ihnen dabei.

Rechne im Heft.
Schreibe Frage, Rechnung und Antwort in dein Heft.

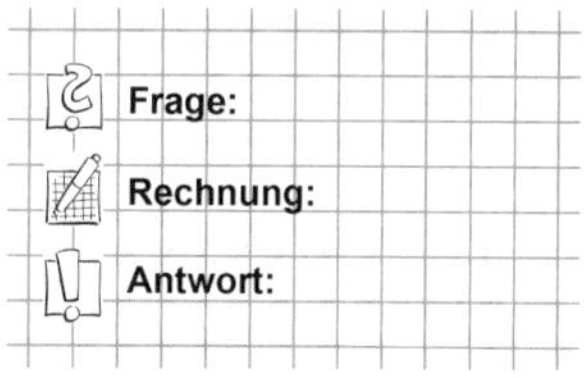

❶ Wenn 5 Mannschaften nach dem Prinzip „JEDER GEGEN JEDEN" spielen, wie viele Spiele gibt es dann?

Tipp: Schreibe alle Spielpaarungen in dein Heft.

❷ Wie viel Zeit steht der Klasse für die Durchführung des Turniers zur Verfügung?

❸ Zwischen den Spielen soll immer eine 5-minütige Pause liegen. Wie viele Pausen gibt es?

❹ Wie viel Zeit wird für alle Pausen zusammen benötigt?

❺ Wie viel Zeit steht für jedes einzelne Fußballspiel zur Verfügung?

Nevio macht demnächst ein Praktikum. Er schaut nach, mit welchem Bus er zu seinem Praktikumsbetrieb fahren kann. Er muss an der Haltestelle Bahnhof in den Bus einsteigen und an der Haltestelle Alte Wache wieder aussteigen. Sein Praktikum beginnt morgens um 8:15 Uhr und endet nachmittags um 16:00 Uhr.
Für den Weg von seinem Zuhause zur Bushaltestelle benötigt Nevio 11 Minuten. Den Weg von der Haltestelle bis zum Praktikumsplatz schafft er in 9 Minuten. Nevio möchte mindestens 15 Minuten vor Arbeitsbeginn im Betrieb sein.

Busfahrplan

Fahrplan Bahnhof–Sternberg					
Bahnhof	6.46	7.35	7.46	8.15	8.59
– Schlossplatz	6.48	7.37	7.48	8.17	9.01
– Turmstraße	6.50	7.39	7.50	8.19	9.03
– Europabad	|	|	|	|	|
– Baumschule	|	|	|	|	|
– Goetheschule	|	|	|	|	|
– Dürerstraße	|	|	|	|	|
– Humboldt-Schule	|	|	|	|	|
– Lindenstraße	|	|	|	|	|
– Eichendorffschule	|	|	|	|	|
– Neues Rathaus	6.52	7.41	7.52	8.21	9.05
– Westend	|	|	|	|	|
– Schillerstraße	|	|	|	|	|
– Strandweg	6.54	7.43	7.54	8.23	9.07
– Hildebrand-Straße	6.55	7.44	7.55	8.24	9.08
– Westendstraße	6.56	7.45	7.56	8.25	9.09
– Alte Wache	6.57	7.46	7.57	8.26	9.10
– An der Kommandantur	6.58	7.47	7.58	8.27	9.11
– Heinz-Erhard-Straße	7.00	7.49		8.29	9.13
Sternberg	7.01	7.50		8.30	9.14
– Kirchplatz	7.03	7.52		8.32	9.16
– Kirschgartenstraße	|	|		|	|
– Friedhof	7.04	7.53		8.33	9.17
– Sternschule	7.05	7.54		8.34	9.18

Fahrplan Sternberg–Bahnhof					
– Sternschule	14.21	15.21	16.21	17.21	18.21
– Jahnstraße	14.22	15.22	16.22	17.22	18.22
– Friedhof	14.23	15.23	16.23	17.23	18.23
– Kirschgartenstraße	|	|	|	|	|
– Kirchplatz	14.24	15.24	16.24	17.24	18.24
Sternberg	14.26	15.26	16.26	17.26	18.26
– Heinz-Erhard-Straße	14.27	15.27	16.27	17.27	18.27
– An der Kommandantur	14.29	15.29	16.29	17.29	18.29
– Alte Wache	14.30	15.30	16.30	17.30	18.30
– Westendstraße	14.31	15.31	16.31	17.31	18.31
– Hildebrand-Straße	14.32	15.32	16.32	17.32	18.32
– Strandweg	14.33	15.33	16.33	17.33	18.33
– Leitzplatz	14.36	15.36	16.36	17.36	18.36
– Leitzplatz	|	|	|	|	|
– Lindenstraße	|	|	|	|	|
– Baumschule	|	|	|	|	|
– Lessingstraße	|	|	|	|	|
– Humboldt-Schule	|	|	|	|	|
– Dürerstraße	|	|	|	|	|
– Pestalozzi-Schule	|	|	|	|	|
– Eichendorffschule	|	|	|	|	|
– Kästner-Schule	|	|	|	|	|
– Europabad	|	|	|	|	|
– Baumschule	|	|	|	|	|
– Theaterplatz	14.37	15.37	16.37	17.37	18.37
– Freibad	14.39	15.39	16.39	17.39	18.39
Bahnhof	14.42	15.42	16.42	17.42	18.42

Rechne im Heft.
Schreibe Frage, Rechnung und Antwort in dein Heft.

Frage:
Rechnung:
Antwort:

❶ Wie lange dauert die Busfahrt?

❷ Welchen Bus muss Nevio nehmen, um pünktlich in seinem Praktikumsbetrieb zu sein?

❸ Um wie viel Uhr muss Nevio zu Hause los laufen?

❹ Welchen Bus kann Nevio für die Heimfahrt nehmen?

❺ Um wie viel Uhr ist Nevio wieder zu Hause?

Fahrtkosten

AB 21

Maike und Igor benötigen für das nächste Kalenderjahr für den Weg zur Schule neue Fahrkarten. Maike möchte Tages-, Wochen- und Monatskarten kaufen, Igor möchte lieber eine Jahreskarte.

Jahreskalender

Januar	Februar	März	April	Mai	Juni	Juli	August	September	Oktober	November	Dezember
1 Mo Neujahr	1 Do	1 Do	**1 So**	**1 Di** Maifeiertag	1 Fr	**1 So**	1 Mi	1 Sa	1 Mo	1 Do	1 Sa
2 Di	2 Fr	2 Fr	2 Mo	2 Mi	2 Sa	2 Mo	2 Do	**2 So**	2 Di	2 Fr	**2 So**
3 Mi	3 Sa	3 Sa	3 Di	**3 Do** Himmelfahrt	**3 So**	3 Di	3 Fr	3 Mo	**3 Mi** Tag der Dt. Einheit	3 Sa	3 Mo
4 Do	**4 So**	**4 So**	4 Mi	4 Fr	4 Mo	4 Mi	4 Sa	4 Di	4 Do	**4 So**	4 Di
5 Fr	5 Mo	5 Mo	5 Do	5 Sa	5 Di	5 Do	**5 So**	5 Mi	5 Fr	5 Mo	5 Mi
6 Sa	6 Di	6 Di	6 Fr	**6 So**	6 Mi	6 Fr	6 Mo	6 Do	6 Sa	6 Di	6 Do
7 So	7 Mi	7 Mi	7 Sa	7 Mo	7 Do	7 Sa	7 Di	7 Fr	**7 So**	7 Mi	7 Fr
8 Mo	8 Do	8 Do	**8 So**	8 Di	8 Fr	**8 So**	8 Mi	8 Sa	8 Mo	8 Do	8 Sa
9 Di	9 Fr	9 Fr	9 Mo	9 Mi	9 Sa	9 Mo	9 Do	**9 So**	9 Di	9 Fr	**9 So**
10 Mi	10 Sa	10 Sa	10 Di	10 Do	**10 So**	10 Di	10 Fr	10 Mo	10 Mi	10 Sa	10 Mo
11 Do	**11 So**	**11 So**	11 Mi	11 Fr	11 Mo	11 Mi	11 Sa	11 Di	11 Do	**11 So**	11 Di
12 Fr	12 Mo	12 Mo	12 Do	12 Sa	12 Di	12 Do	**12 So**	12 Mi	12 Fr	12 Mo	12 Mi
13 Sa	13 Di	13 Di	13 Fr	**13 So** Pfingsten	13 Mi	13 Fr	13 Mo	13 Do	13 Sa	13 Di	13 Do
14 So	14 Mi	14 Mi	14 Sa	**14 Mo** Pfingsten	14 Do	14 Sa	14 Di	14 Fr	**14 So**	14 Mi	14 Fr
15 Mo	15 Do	15 Do	**15 So**	15 Di	15 Fr	**15 So**	15 Mi	15 Sa	15 Mo	15 Do	15 Sa
16 Di	16 Fr	16 Fr	16 Mo	16 Mi	16 Sa	16 Mo	16 Do	**16 So**	16 Di	16 Fr	**16 So**
17 Mi	17 Sa	17 Sa	17 Di	17 Do	**17 So**	17 Di	17 Fr	17 Mo	17 Mi	17 Sa	17 Mo
18 Do	**18 So**	**18 So**	18 Mi	18 Fr	18 Mo	18 Mi	18 Sa	18 Di	18 Do	**18 So**	18 Di
19 Fr	19 Mo	19 Mo	19 Do	19 Sa	19 Di	19 Do	**19 So**	19 Mi	19 Fr	19 Mo	19 Mi
20 Sa	20 Di	20 Di	20 Fr	**20 So**	20 Mi	20 Fr	20 Mo	20 Do	20 Sa	20 Di	20 Do
21 So	21 Mi	21 Mi	21 Sa	21 Mo	21 Do	21 Sa	21 Di	21 Fr	**21 So**	21 Mi	21 Fr
22 Mo	22 Do	22 Do	**22 So**	22 Di	22 Fr	**22 So**	22 Mi	22 Sa	22 Mo	22 Do	22 Sa
23 Di	23 Fr	**23 Fr** Karfreitag	23 Mo	23 Mi	23 Sa	23 Mo	23 Do	**23 So**	23 Di	23 Fr	**23 So**
24 Mi	24 Sa	24 Sa	24 Di	24 Do	**24 So**	24 Di	24 Fr	24 Mo	24 Mi	24 Sa	24 Mo
25 Do	**25 So**	**25 So** Ostern	25 Mi	25 Fr	25 Mo	25 Mi	25 Sa	25 Di	25 Do	**25 So**	**25 Di** Weihnachten
26 Fr	26 Mo	**26 Mo** Ostern	26 Do	26 Sa	26 Di	26 Do	**26 So**	26 Mi	26 Fr	26 Mo	**26 Mi** Weihnachten
27 Sa	27 Di	27 Di	27 Fr	**27 So**	27 Mi	27 Fr	27 Mo	27 Do	27 Sa	27 Di	27 Do
28 So	28 Mi	28 Mi	28 Sa	28 Mo	28 Do	28 Sa	28 Di	28 Fr	**28 So**	28 Mi	28 Fr
29 Mo		29 Do	**29 So**	29 Di	29 Fr	**29 So**	29 Mi	29 Sa	29 Mo	29 Do	29 Sa
30 Di		30 Fr	30 Mo	30 Mi	30 Sa	30 Mo	30 Do	**30 So**	30 Di	30 Fr	**30 So**
31 Mi		31 Sa		31 Do		31 Di	31 Fr		31 Mi		31 Mo

Tarifübersicht für Schülerkarten	
Einzelfahrt	2,20 €
Tageskarte	3,80 €
Wochenkarte (gültig von Montag bis Sonntag)	15,10 €
Monatskarte	53,20 €
Jahreskarte	579,80 €

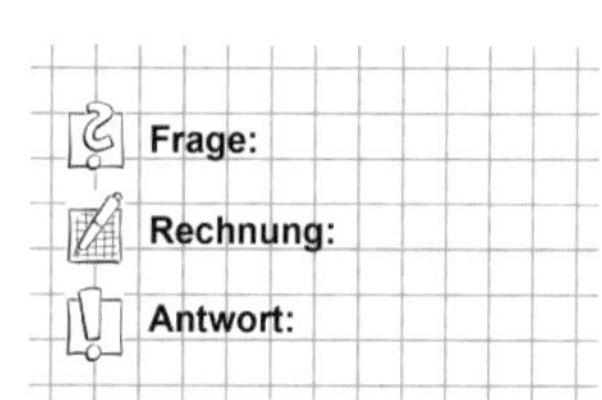

Rechne im Heft.
Schreibe Frage, Rechnung und Antwort in dein Heft.

❶ Für welche Monate sind Monatskarten am günstigsten?

❷ Für welche Monate sind Tages- und Wochenkarten am günstigsten?

❸ Wie viel kosten die Monats-, Wochen- und Tageskarten im ganzen Jahr zusammen?

❹ Ist eine Jahreskarte günstiger?

❺ Wie würdest du dich entscheiden? Begründe deine Antwort.

Lisa und Olga werden nächstes Jahr 17. Daher wollen sie sich in einer Fahrschule für den Autoführerschein anmelden. Beide haben dafür bereits Geld gespart. Nun wollen sie eine günstige Fahrschule finden. Sie vergleichen folgende Preislisten:

Fahrschule Norbert	
	Klasse B
Grundgebühr einschließlich des theoretischen Unterrichts	215,00 €
Gebühr theoretische Prüfung	49,00 €
Gebühr praktische Prüfung	99,00 €
Fahrstunde (je 45 Minuten)	36,75 €
Ausbildungsfahrten (je 45 Minuten):	
auf Bundes- oder Landstraßen	37,50 €
auf Autobahnen	37,50 €
bei Dämmerung oder Dunkelheit	37,50 €

Fahrschule Walter	
	Klasse B
Grundgebühr einschließlich des theoretischen Unterrichts	250,00 €
Gebühr theoretische Prüfung	45,00 €
Gebühr praktische Prüfung	95,00 €
Fahrstunde (je 45 Minuten)	37,00 €
Ausbildungsfahrten (je 45 Minuten):	
auf Bundes- oder Landstraßen	37,00 €
auf Autobahnen	38,50 €
bei Dämmerung oder Dunkelheit	37,00 €

Günnis Fahrschule	
	Klasse B
Grundgebühr einschließlich des theoretischen Unterrichts	210,50 €
Gebühr theoretische Prüfung	45,00 €
Gebühr praktische Prüfung	70,00 €
Fahrstunde (je 45 Minuten)	38,00 €
Besondere Ausbildungsfahrten (je 45 Minuten):	39,00 €

mindestens:
15 normale Fahrstunden
5 Fahrten auf Landstraßen
4 Autobahnfahrten
3 Nachtfahrten

Auf einem Zettel haben sie sich notiert, wie viele Fahrstunden sie für den Führerschein mindestens benötigen. Hinzu kommen noch Grundgebühr und Prüfungsgebühren.

Rechne im Heft.
Schreibe Frage, Rechnung und Antwort in dein Heft.

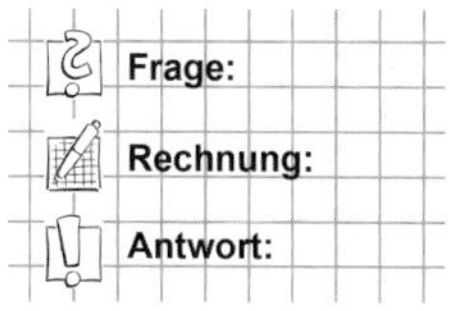

❶ Berechne die Kosten für jede der 3 Fahrschulen.

❷ Vergleiche die Preise. Welche Fahrschule ist am günstigsten?

❸ Für welche Fahrschule würdest du dich entscheiden? Begründe deine Antwort.

Francesco möchte sich in den Sommerferien ein bisschen Geld dazu verdienen.
Er hat von seinem Praktikumsbetrieb das Angebot erhalten, in dem Supermarkt auch in den Sommerferien 4 Wochen zu arbeiten.
Außerdem hat ihm ein Freund seines Vaters angeboten, 4 Wochen in der Tischlerei zu helfen.
In beiden Ferienjobs könnte er 5 Tage pro Woche arbeiten. Francesco überlegt, welches Angebot er annehmen soll.

Hilf Francesco bei seiner Entscheidung.

Rechne im Heft.
Schreibe Frage, Rechnung und Antwort in dein Heft.

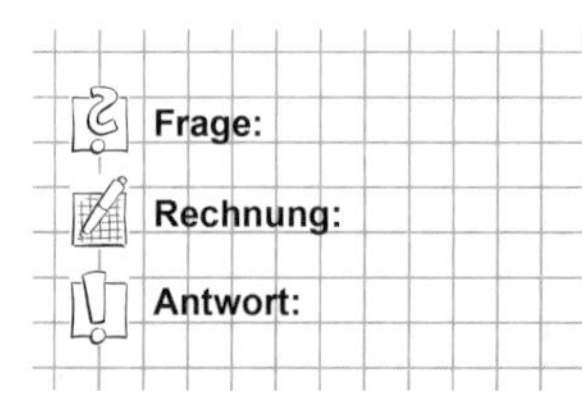

❶ Wie viele Kilometer muss Francesco in den 4 Wochen insgesamt fahren, wenn er
a) das Angebot des Praktikumsbetriebes annimmt?
b) das Angebot des Freundes annimmt?

Francescos Roller verbraucht auf 100 km durchschnittlich 4,3 l Benzin.
Zurzeit kostet ein Liter Benzin 1,19 €.

❷ Berechne die Tankkosten pro Monat für den Job
a) im Supermarkt.
b) in der Tischlerei.

Im Supermarkt würde Francesco 5,40 € pro Stunde verdienen. Er könnte dort 6 Stunden am Tag arbeiten.
In der Tischlerei könnte Francesco 7 Stunden am Tag arbeiten. Dort würde er 4,50 € pro Stunde verdienen.

❸ Berechne den Verdienst und ziehe die Tankkosten ab
a) im Supermarkt.
b) in der Tischlerei.

❹ Welches Jobangebot soll Francesco annehmen? Begründe deine Antwort.

Steven und seine Schwester Mona möchten sich gemeinsam ein Auto kaufen. Sie haben zusammen 9700 € zur Verfügung.
Sie vergleichen Gebrauchtwagenangebote im Internet.

Skonto = Preisnachlass bei sofortiger Zahlung

Netto-Preis = Preis ohne 19 % Mehrwertsteuer

1	2	3
 Kleinwagen	 Kleinwagen	 Kleinwagen
65.000 km **9.800 €** (abzüglich 3 % Skonto bei Barzahlung)	53.000 km **10.050 €** (abzüglich 4 % Skonto bei Barzahlung)	94.000 km **7.700 €** (Netto-Preis)

Rechne im Heft.
Schreibe Frage, Rechnung und Antwort in dein Heft.

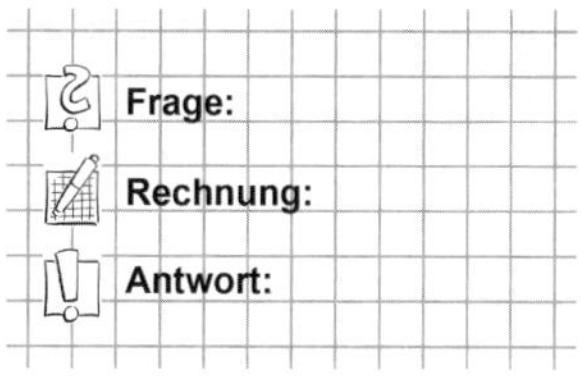

❶ Wie viel kostet das Auto im Angebot 1?

❷ Wie viel kostet das Auto im Angebot 2?

❸ Wie viel kostet das Auto im Angebot 3?

❹ Welches Auto können sich Steven und Mona kaufen?

❺ Wie würdest du dich entscheiden? Begründe deine Antwort.

Auch Rico möchte sich ein Auto kaufen. Da er nicht genug Geld gespart hat, schaut er sich im Internet ein Finanzierungsangebot an.

Finanzierungsangebot:	Barpreis	11500 €
	Anzahlung	2400 €
	Laufzeit	36 Monate
	Anzahl Raten	35
	36. Rate/Schlussrate	4500 €
	Monatliche Zahlung	194,65 €

❻ Wie viel Euro müsste Rico für das Auto insgesamt bezahlen?

❼ Wie viel Euro muss Rico durch die Finanzierung mehr für das Auto bezahlen?

Was kostet Autofahren?

Amir möchte sich ein Auto kaufen. Er hat sich bereits 2 Autos angeschaut. Sein Vater ermahnt ihn, gut zu überlegen, ob er sich überhaupt ein Auto leisten kann. „Ein Auto kostet mehr als die Anschaffungskosten", sagt Amirs Vater.
Amir macht sich eine Liste über die Kosten beider Autos.

Auto 1:

KFZ-Steuer	78 € jährlich
Haftpflichtversicherung	13,20 € monatlich
Vollkaskoversicherung	56,80 € vierteljährlich
Inspektion	410 € jährlich
Reparaturen	180 € jährlich
Kilomer pro Jahr	20 000 km
Verbrauch pro 100 km	6,7 l
Kraftstoffpreis pro Liter	1,44 €

Auto 2:

KFZ-Steuer	56 € halbjährlich
Haftpflichtversicherung	241,60 € jährlich
Vollkaskoversicherung	14,90 € monatlich
Inspektion	520 € jährlich
Reparaturen	120 € vierteljährlich
Kilomer pro Jahr	20 000 km
Verbrauch pro 100 km	6,3 l
Kraftstoffpreis pro Liter	1,18 €

Rechne im Heft.
Schreibe Frage, Rechnung und Antwort in dein Heft.

Frage:
Rechnung:
Antwort:

1. Wie viel Geld muss Amir im Monat für das Auto 1 bezahlen?
2. Wie viel Geld muss Amir im Jahr für das Auto 1 bezahlen?
3. Wie viel Geld muss Amir im Monat für das Auto 2 bezahlen?
4. Wie viel Geld muss Amir im Jahr für das Auto 2 bezahlen?
5. Wie würdest du dich entscheiden? Begründe deine Antwort.

Can hat gerade seinen Rollerführerschein gemacht. Am liebsten würde er nun jeden Tag mit dem Roller in die Schule fahren. Cans Vater ist von dieser Idee nicht begeistert.

Can fährt morgens um 6:53 Uhr mit dem Bus zur Schule. Für den Weg zum Bus benötigt er 6 Minuten. Um 7:31 Uhr kommt er in der Schule an. Unterrichtsbeginn ist um 7:45 Uhr.

Der Unterricht endet um 12:50 Uhr. Der Bus fährt 15 Minuten später an der Schule ab. Auf dem Rückweg benötigt der Bus 5 Minuten mehr Zeit. Den Weg von der Bushaltestelle nach Hause schafft Can mittags in 4 Minuten.

Rechne im Heft.
Schreibe Frage, Rechnung und Antwort in dein Heft.

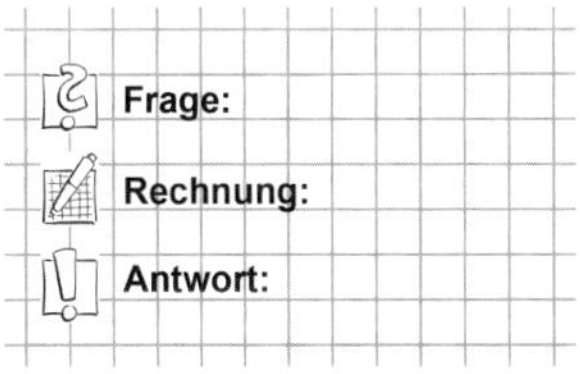

❶ Um wie viel Uhr muss Can morgens das Haus verlassen?

❷ Wie viele Minuten benötigt der Bus für die Fahrt zur Schule?

❸ Um wie viel Uhr fährt der Bus mittags an der Schule ab?

❹ Wie viele Minuten benötigt der Bus für die Rückfahrt?

❺ Wann ist Can mittags zu Hause?

Mit dem Roller braucht Can ungefähr 40 Minuten bis zur Schule.

❻ Wann muss Can morgens das Haus verlassen, wenn er mindestens 10 Minuten vor Unterrichtsbeginn in der Schule sein möchte?

❼ Wann kommt Can mittags zu Hause an?

❽ Was meinst du? Lohnt es sich für Can mit dem Roller zur Schule und zurück zu fahren? Begründe deine Antwort.

Stefanie und Erik möchten ihren Eltern helfen, den Garten neu zu gestalten. Heute sollen die dazu benötigten Materialien im 35 km entfernten Baumarkt gekauft werden.

Rechne im Heft.
Schreibe Frage, Rechnung und Antwort in dein Heft.

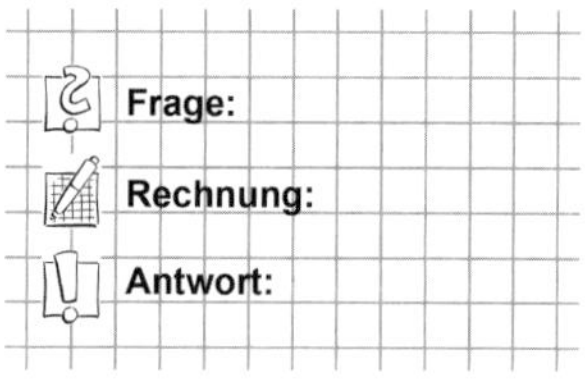

❶ Wie viel Gewicht haben die gekauften Materialien?

❷ Wie oft müssen Stefanie und Erik zusätzlich zu ihrer Heimfahrt mit dem Anhänger fahren, um alle Materialien zu transportieren? (Denke daran, dass sie hin und zurück fahren müssen.)

❸ Wie viele km müssen Stefanie und Erik zusätzlich fahren?

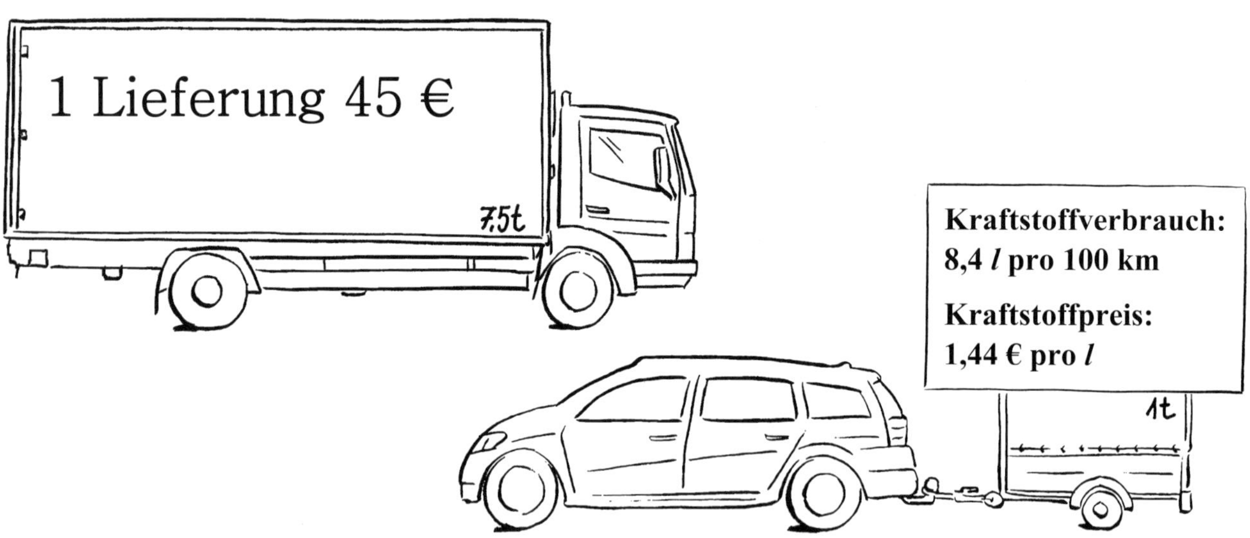

❹ Wie viel Kraftstoff würden Stefanie und Erik für die zusätzlichen Fahrten verbrauchen?

❺ Wie hoch sind die Kraftstoffkosten für diese Fahrten?

❻ Was ist günstiger: die Fahrten mit dem Anhänger oder die Lieferung?

❼ Wie würdest du dich entscheiden? Begründe deine Meinung?

In den Sommerferien möchten July, Anka und Inja von Würzburg nach Kiel fahren. Auf einer Karte gucken sie, welchen Weg sie am besten fahren.

Rechne im Heft.
Schreibe Frage, Rechnung und Antwort in dein Heft.

Frage:
Rechnung:
Antwort:

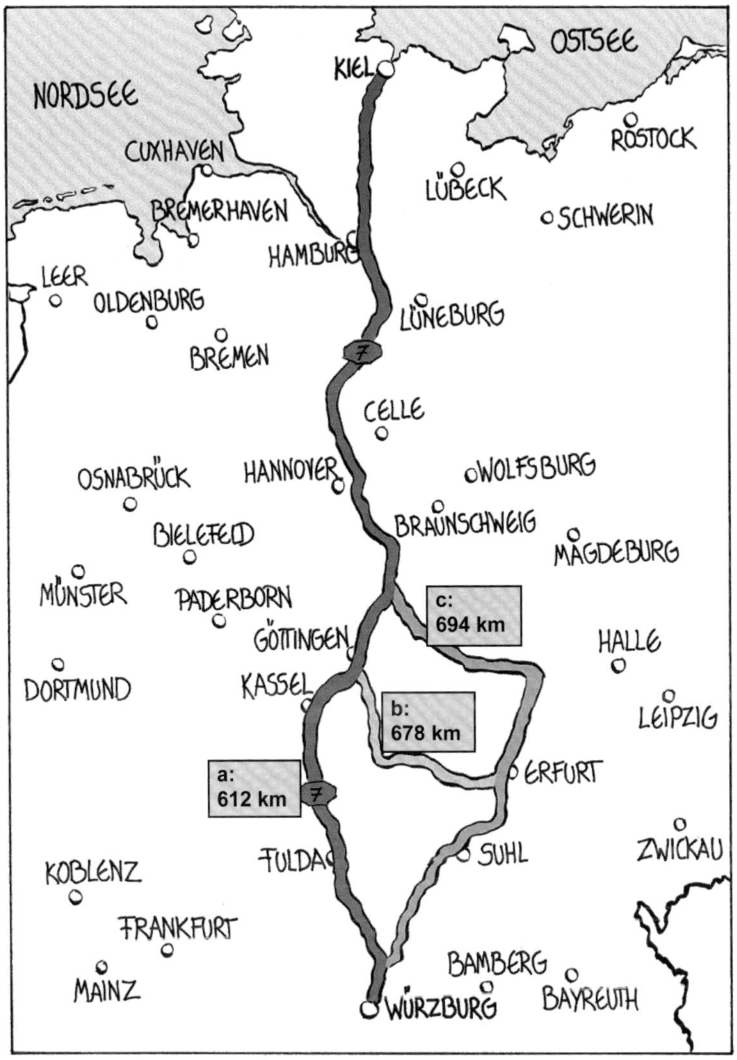

❶ Wie lange sind die Mädchen auf den drei Strecken (a, b, c) jeweils unterwegs, wenn sie durchschnittlich 120 km/h fahren? Schreibe Stunden und Minuten auf.

a: ____________ b: ____________

c: ____________

Ankas Vater sagt den Mädchen, dass sie auf der Strecke zwischen Würzburg und Kassel mit etwa 1,5 Stunden Stau, auf der Strecke zwischen Würzburg und Suhl mit etwa 35 Minuten und auf der Strecke zwischen Erfurt und Göttingen mit ca. 25 Minuten Stau rechnen müssen.

❷ Wie lange sind die Mädchen auf den drei Strecken (a, b, c) jeweils unterwegs, wenn sie die Stauzeiten dazurechnen? Schreibe Stunden und Minuten auf.

a: ____________ b: ____________

c: ____________

❸ Auf welcher Strecke sind die Mädchen voraussichtlich am schnellsten in Kiel: a, b oder c?

❹ Wie viele Minuten Unterschied liegen zwischen der schnellsten und der langsamsten Strecke?

Welche Strecke ist am schnellsten? Welche Strecke ist am langsamsten?

Die Mädchen wollen zwei kleine Pausen von jeweils 10 Minuten und eine große Pause von 1 Stunde einlegen.

❺ Wie lange sind sie auf der schnellsten Strecke unterwegs?

❻ Um wie viel Uhr sind die drei voraussichtlich in Kiel, wenn sie um 10:15 Uhr in Würzburg starten?

Kirsten, Tom, Lara und Murat wollen ein Wochenende in Hamburg verbringen. Heute planen die vier ihre Ausflüge.

Die Freunde fahren mit dem Zug zum Hauptbahnhof Süd und übernachten in der Jugendherberge. Diese ist in der Nähe der Haltestelle Horner Rennbahn.

❶ Mit welchen Linien können die vier vom Hauptbahnhof zur Jugendherberge fahren?

Nachmittags wollen die vier einen Ausflug in Hagenbecks Tierpark machen und im Anschluss zur Freilichtbühne (Haltestelle Saarlandstraße), um ein Konzert zu besuchen.

❷ Gib 2 Möglichkeiten an, wie sie von der Haltestelle Horner Rennbahn zur Haltestelle Hagenbecks Tierpark kommen.

❸ Gib 2 Möglichkeiten an, wie sie von der Haltestelle Hagenbecks Tierpark zur Haltestelle Saarlandstraße kommen.

❹ Gib 2 Möglichkeiten an, wie sie von der Saarlandstraße zurück zur Jugendherberge kommen.

Am nächsten Tag wollen die Freunde die Hafencity besichtigen. Im Anschluss soll es zu einem Fußballspiel vom 1. FC St. Pauli gehen.

❺ Gib 2 Möglichkeiten an, wie die Freunde von der Jugendherberge zur Hafencity kommen.

❻ Gib 2 Möglichkeiten an, wie sie im Anschluss zur Haltestelle St. Pauli kommen.

❼ Gib 2 Möglichkeiten an, wie die vier zurück zur Jugendherberge kommen.

Am Abend wollen alle zusammen auf eine Party in der Nähe der Trabrennbahn.

❽ Gib 2 Möglichkeiten an, wie sie zur Haltestelle Trabrennbahn fahren können.

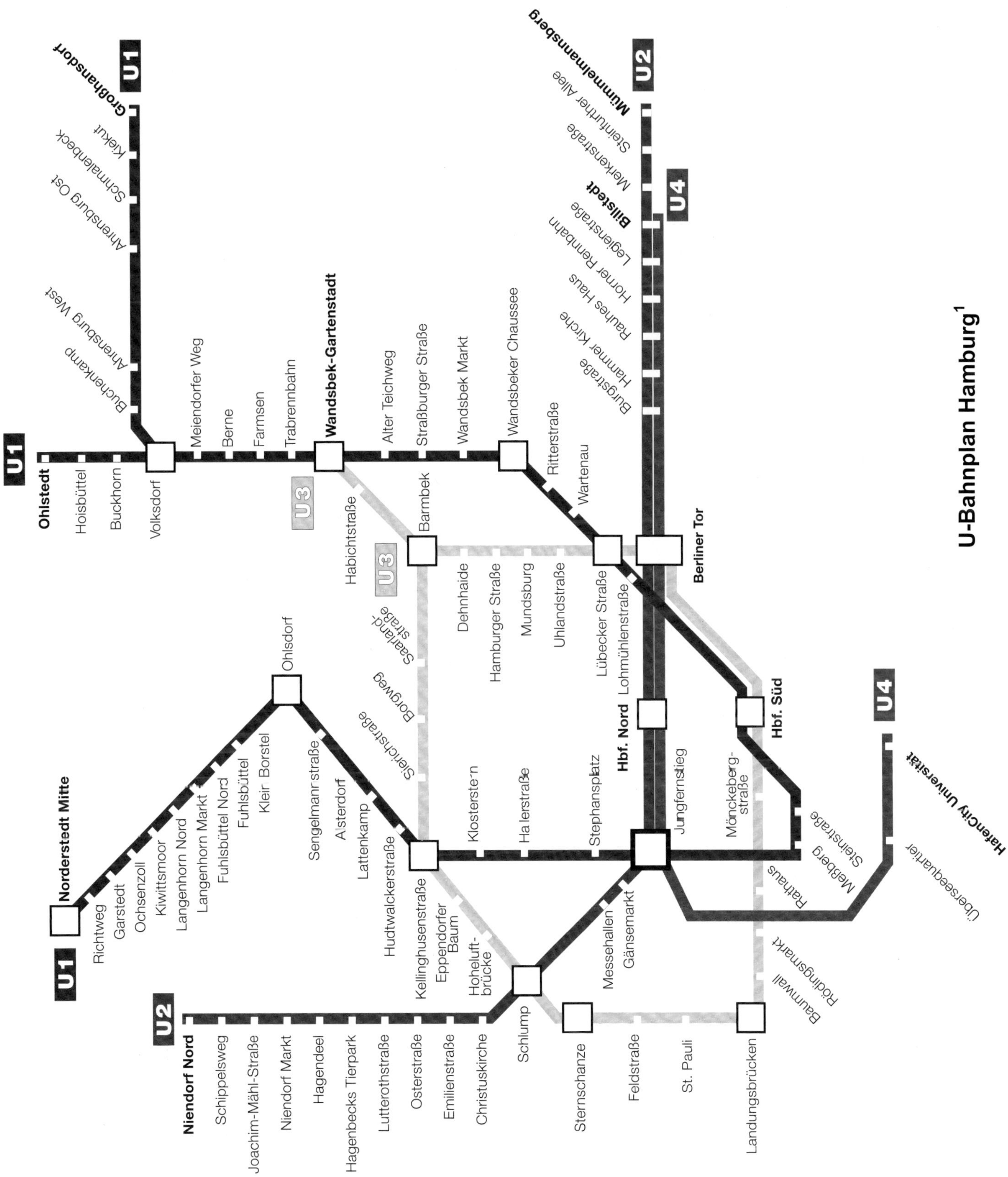

U-Bahnplan Hamburg[1]

1 Hamburger Hochbahn AG

Falk hat heute im Mathematikunterricht etwas über symmetrische Formen gelernt. Nun möchte er die Verkehrsschilder auf seinem Heimweg nach Symmetrien untersuchen.

❶ Welche Verkehrsschilder sind achsensymmetrisch? Kreise sie rot (= gestrichelt) ein.

❷ Welche Verkehrsschilder sind punktsymmetrisch? Kreise sie grün ein.

❸ Zeichne alle möglichen Symmetrieachsen und Symmetriepunkte ein.

❹ Findest du auf deinem Heimweg weitere symmetrische Verkehrsschilder? Zeichne sie in dein Heft.

❺ Zeichne die Schilder mit folgenden Symmetrieachsen/-punkten fertig.
Gibt es diese Schilder im Straßenverkehr? Wenn ja, kreise diese Verkehrsschilder ein.

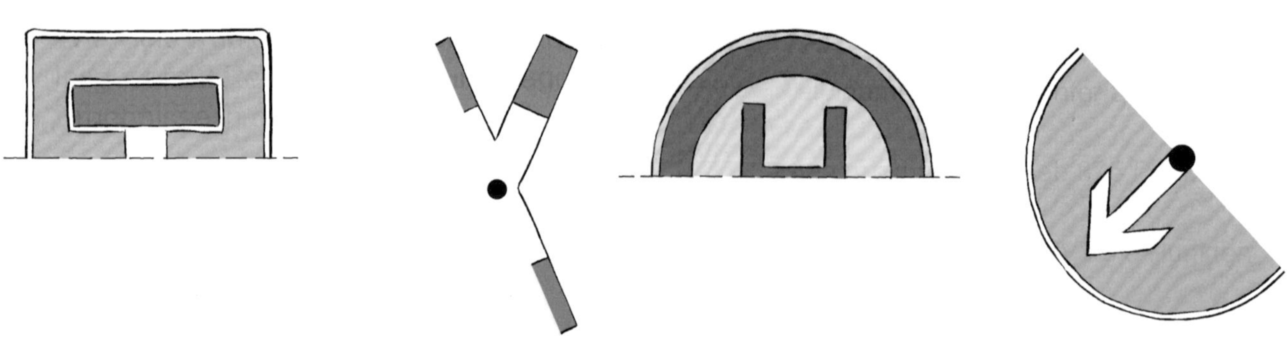

Wohngemeinschaft

Lena, Indira und Seda suchen eine gemeinsame Wohnung. Lena kann monatlich 190 € für die Miete und anfallende Nebenkosten bezahlen, Indira 210 € und Seda sogar 215 €. Bis jetzt haben sie zwei mögliche Wohnungen gefunden:

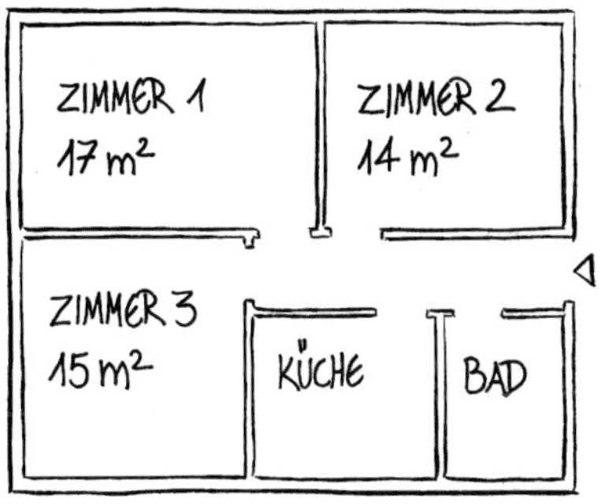

KALTMIETE: **465,06 €**
NEBENKOSTEN: **112,80 €**

Wohnung 1

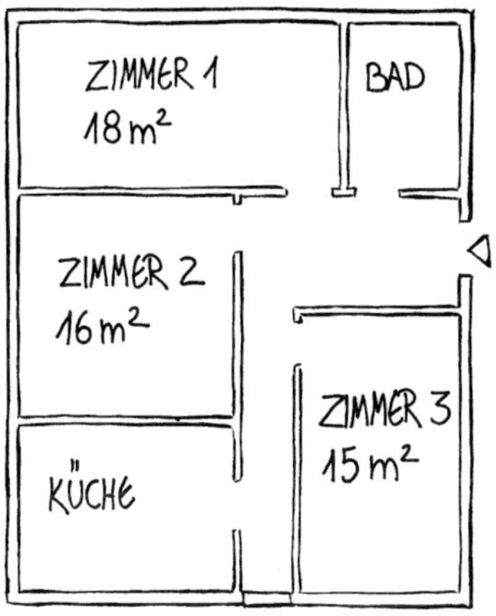

KALTMIETE: **480,20 €**
NEBENKOSTEN: **114,60 €**

Wohnung 2

Die drei Mädchen wollen die Kaltmiete je nach der Zimmergröße aufteilen. Von den Nebenkosten soll jeder gleich viel bezahlen.

Rechne im Heft.
Schreibe Frage, Rechnung und Antwort in dein Heft.

Frage:
Rechnung:
Antwort:

Rechne zuerst für Wohnung 1:

❶ Wie viel Euro Kaltmiete kostet Zimmer 1?
❷ Wie viel Euro Kaltmiete kostet Zimmer 2?
❸ Wie viel Euro Kaltmiete kostet Zimmer 3?
❹ Wie viel Euro Nebenkosten muss jedes Mädchen bezahlen?
❺ Wie viel Euro Warmmiete kostet Zimmer 1?
❻ Wie viel Euro Warmmiete kostet Zimmer 2?
❼ Wie viel Euro Warmmiete kostet Zimmer 3?

Warmmiete = Kaltmiete + Nebenkosten

Rechne nun für Wohnung 2:

❽ Wie viel Euro Kaltmiete kostet Zimmer 1?
❾ Wie viel Euro Kaltmiete kostet Zimmer 2?
❿ Wie viel Euro Kaltmiete kostet Zimmer 3?
⓫ Wie viel Euro Nebenkosten muss jedes Mädchen bezahlen?
⓬ Wie viel Euro Warmmiete kostet Zimmer 1?
⓭ Wie viel Euro Warmmiete kostet Zimmer 2?
⓮ Wie viel Euro Warmmiete kostet Zimmer 3?
⓯ Kommen beide Wohnungen in Frage?
Wie könnten die Zimmer aufgeteilt werden?

Franz macht im Sommer seinen Schulabschluss. Danach beginnt er seine Ausbildung als Fachlagerist im Baumarkt. Er verdient monatlich 540,87 € Netto.

Die Ausbildungsstelle liegt nicht in der unmittelbaren Nähe seines jetzigen Wohnortes. Franz überlegt, ob er jeden Tag mit dem Zug hin- und zurückfahren soll oder ob er sich dort ein Zimmer in einer Wohngemeinschaft suchen soll.

1

WG-Zimmer in netter 3er WG (3ZKB) zu vermieten. Zimmergröße 18 m². 219 € warm + 8,30 € Telefon/Internet

Wohnungsanzeige für WG-Zimmer 1

2

Mitbewohner gesucht für 17 m² großes Zimmer in 4er WG mit Telefon und Internet inklusive. 180 € kalt + 35 € NK

Wohnungsanzeige für WG-Zimmer 2

WG	Wohngemeinschaft
ZKB	Zimmer, Küche, Bad
NK	Nebenkosten

Rechne im Heft.
Schreibe Frage, Rechnung und Antwort in dein Heft.

Frage:
Rechnung:
Antwort:

❶ Wie viel Euro kostet jedes WG-Zimmer insgesamt pro Monat?

❷ Wie viel Euro kostet das Zugticket pro Monat?

Wenn Franz während seiner Ausbildung nicht bei seinen Eltern wohnt, bekommt er zusätzlich zu seinem Gehalt 124 € Ausbildungsbeihilfe von der Agentur für Arbeit.

❸ Wie viel Geld behält Franz übrig, wenn er WG-Zimmer 1 mietet?

❹ Wie viel Geld behält Franz übrig, wenn er WG-Zimmer 2 mietet?

❺ Wie viel Geld behält Franz übrig, wenn er mit dem Zug fährt?

Nettogehalt = Gehalt nach Abzügen für Steuern und Sozialversicherungen, das heißt, dieses Gehalt bekommst du ausgezahlt.

Seine Mutter erinnert Franz daran, dass er in einer WG auch Geld für Essen, Getränke, Hygieneartikel und weitere gemeinsame Ausgaben bezahlen muss.
Sie sagt: „Dafür kannst du monatlich mindestens 95 € rechnen."

❻ Wie viel Geld behält Franz übrig, wenn er WG-Zimmer 1 mietet?

❼ Wie viel Geld behält Franz übrig, wenn er WG-Zimmer 2 mietet?

❽ Wie würdest du dich entscheiden? Begründe deine Antwort.

Madita zieht nach dem Schulabschluss in ihre erste eigene Wohnung. Sie verdient monatlich 756 € Brutto. Für Aktivitäten am Wochenende möchte Madita gerne 20 € einplanen. Außerdem möchte sie Geld für den Urlaub sparen. Um einen besseren Überblick zu haben, erstellt sie folgende Tabellen:

Bruttogehalt = Gehalt ohne Abzüge für Steuern, und Sozialversicherungen, das heißt, von diesem Gehalt wird noch einiges abgezogen.

Abzüge vom Bruttogehalt	monatlich in Euro
Rentenversicherung (9 %)	
Arbeitslosenversicherung (1,5 %)	
Krankenversicherung (8 %)	
Pflegeversicherung (1 %)	
Summe	
Nettogehalt = Bruttogehalt − Abzüge	

Weitere feste Kosten	monatlich in Euro
Haftpflichtversicherung (vierteljährlich 12,60 €)	
GEZ (alle drei Monate 52,50 €)	
Hausratversicherung (jährlich 31,20 €)	
Miete + Nebenkosten (monatlich 205,30 € + 37,94 €)	
Telefon und Internet (monatlich 19,99 €)	
Lebensmittel, Hygieneartikel, … (wöchentlich 28 €)	
Kleidung (halbjährlich 144 €)	
Fahrtkosten (wöchentlich 12,80 €)	
Summe	
Restgeld = Nettogehalt − weitere feste Kosten	

Rechne im Heft.
Schreibe Frage, Rechnung und Antwort in dein Heft.

Frage:
Rechnung:
Antwort:

1. Hilf Madita, die Tabellen auszufüllen.
   Trage deine Ergebnisse in die Tabellen ein.
2. Wie viel Geld bleibt Madita am Monatsende übrig, wenn sie tatsächlich 20 € an jedem Wochenende ausgibt?
3. Madita möchte am Monatsende 20 € auf ihrem Konto behalten. Wie viel Geld kann sie monatlich zum Beispiel für Urlaub sparen?
4. Wie viel Geld hat Madita nach einem Jahr gespart?

Felix wohnt zusammen mit seiner Mutter und seiner Schwester in einer Wohnung. Seine Mutter hat die Hausarbeit gerecht aufgeteilt.

Felix rechnet aus, was er seiner Schwester bezahlen müsste. Dafür macht er eine Auflistung seiner wöchentlichen Aufgaben.

Montag	Dienstag	Mittwoch	Donnerstag	Freitag	Samstag	Sonntag
Spülmaschine einräumen 15 Min.	Spülmaschine ausräumen 20 Min.	Spülmaschine einräumen 15 Min.	Spülmaschine ausräumen 20 Min.	Spülmaschine einräumen 15 Min.	Spülmaschine ausräumen 20 Min.	Kochen ¾ Std.
	Wohnzimmer staubsaugen ¼ Std.		Badezimmer putzen 40 Min.		Zimmer aufräumen und putzen 1 ½ Std.	Küche aufräumen 25 Min.

Außerdem 1 x monatlich: 1 Stunde 30 Minuten Fenster putzen und 35 Minuten Hof fegen.

1 Monat = 4 Wochen
Std. = Stunde
Min. = Minute

Hilf Felix beim Rechnen.

Rechne im Heft.
Schreibe Frage, Rechnung und Antwort in dein Heft.

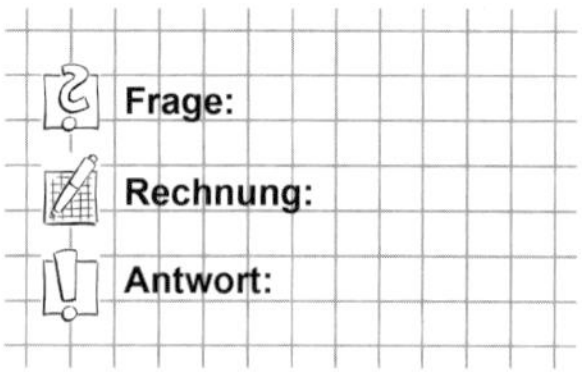

❶ Wie lange braucht Felix jede Woche für die Hausarbeit?

❷ Wie lange benötigt Felix jeden Monat für die Hausarbeit?
Denke auch an die monatlichen Aufgaben.

❸ Wie viel Geld müsste Felix seiner Schwester für die Hausarbeit bezahlen?

❹ Wie würdest du dich entscheiden? Begründe deine Antwort.

Sascha möchte sein Kinderzimmer zu einem schönen Jugendzimmer umgestalten. Zuerst wird die Decke gestrichen und Tapete und Boden erneuert. Er hat bereits sein Zimmer vermessen und einen Grundriss gezeichnet.

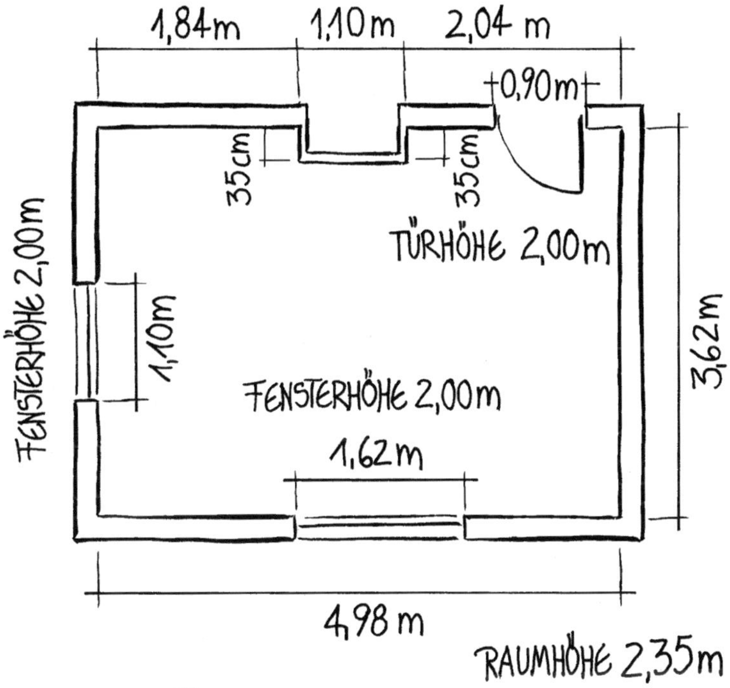

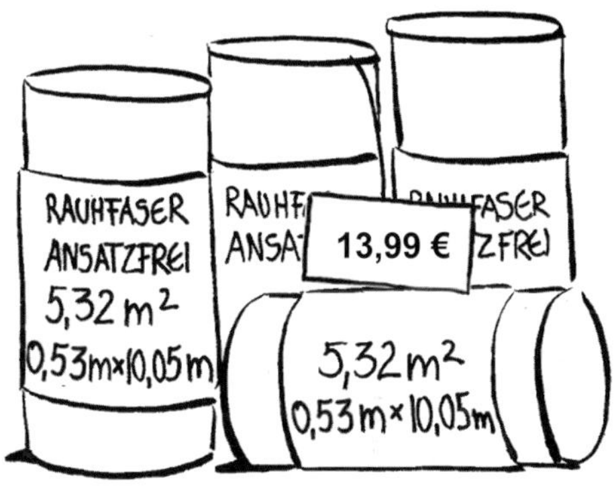

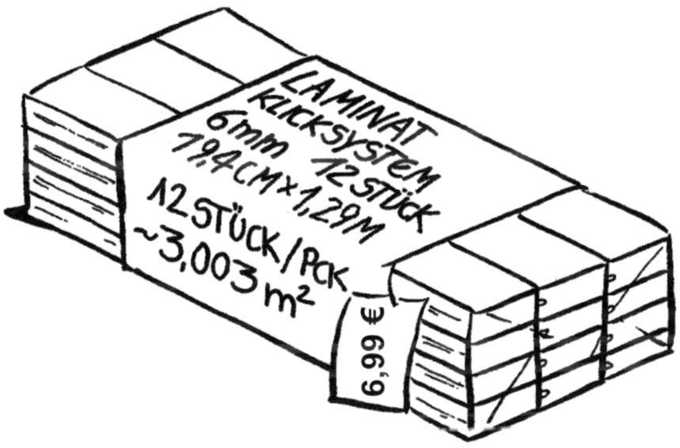

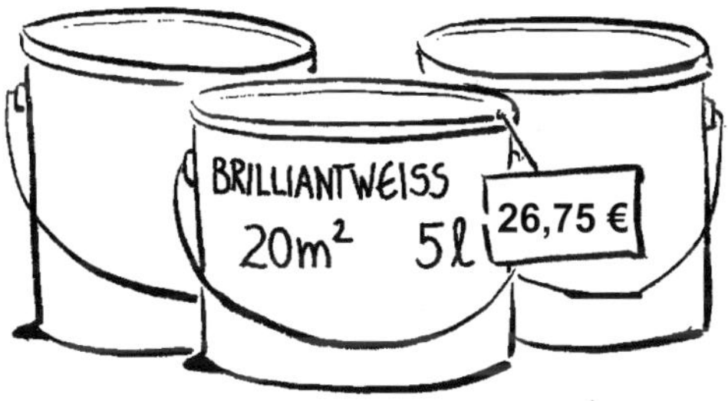

Rechne im Heft.
Schreibe Frage, Rechnung und Antwort in dein Heft.

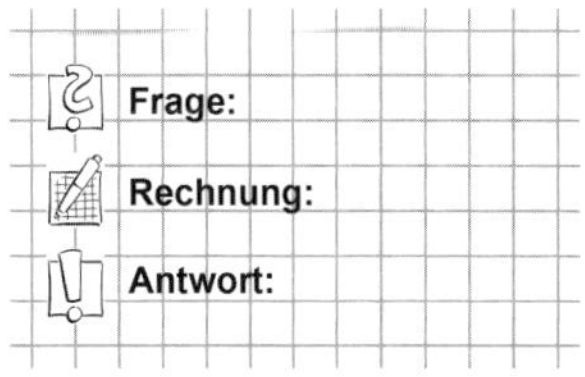

❶ Wie groß ist die Zimmerdecke?

❷ Wie viele Eimer Farbe benötigt Sascha, wenn die Decke zweimal gestrichen werden muss?

❸ Wie viele Rollen Tapete benötigt Sascha zum tapezieren der Wände?

❹ Wie viele Pakete Laminat benötigt er?

❺ Wie teuer wird die Renovierung des Zimmers?

Achtung! Beim Tapezieren muss man berechnen, für wie viele Tapetenbahnen eine Rolle ausreicht und auf die Breite der Rolle achten.

Gina möchte sich ein Schuhregal für ihr Zimmer bauen. Sie hat bereits eine Ecke ausgemessen, in welche das Regal passen soll.

Regal:
Breite: 53 cm
Höhe: 1,50 m
Tiefe: 35 cm
Seitenwände sollen dicker sein als die Regalböden

Im Baumarkt findet Gina folgende Bretterauswahl:

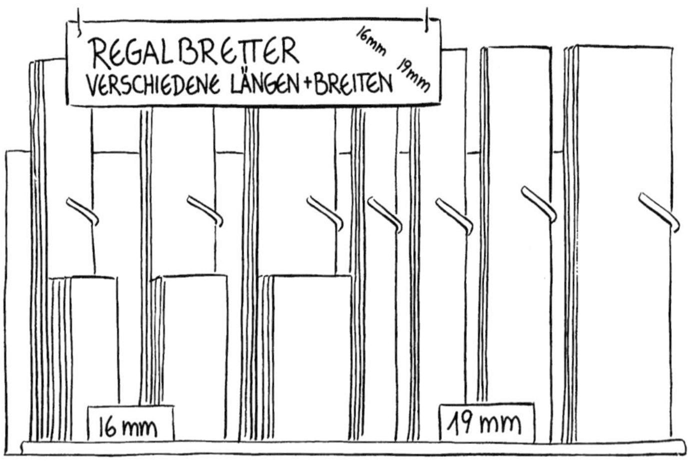

- ○ 1000 mm x 300 mm x 16 mm 5,20 €
- ○ 1000 mm x 400 mm x 16 mm 7,70 €
- ○ 1000 mm x 500 mm x 16 mm 10,40 €

- ○ 2600 mm x 300 mm x 16 mm 12,50 €
- ○ 2600 mm x 400 mm x 16 mm 19,70 €
- ○ 2600 mm x 500 mm x 16 mm 25,80 €

- ○ 2600 mm x 200 mm x 19 mm 12,90 €
- ○ 2600 mm x 300 mm x 19 mm 16,90 €
- ○ 2600 mm x 400 mm x 19 mm 21,90 €
- ○ 2600 mm x 600 mm x 19 mm 32,90 €

Rechne im Heft.
Schreibe Frage, Rechnung und Antwort in dein Heft.

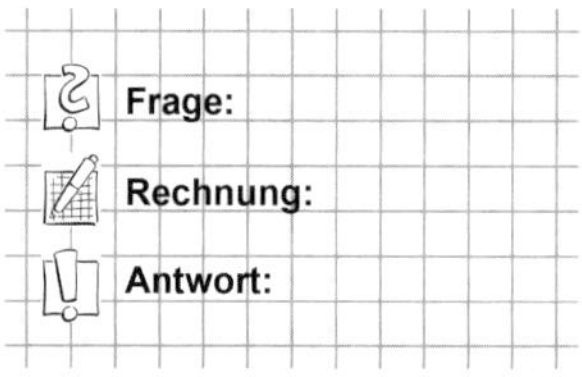

❶ Welche Bretter wählt Gina für die Seitenwände aus?

❷ Wie viele dieser Bretter benötigt Gina für die Seitenwände?

❸ Wie breit müssen die Regalbretter sein?

❹ Welche Bretter könnte Gina für die Regalböden nehmen? Kreuze sie oben an.

Bei der Berechnung der Regalböden muss die Dicke der Seitenwände von der Breite jedes Bodens abgezogen werden.

❺ Wie viele Regalböden kann Gina jeweils aus den Regalbrettern schneiden?

❻ Welche Wahl ist am günstigsten?

❼ Wie viel kosten alle benötigten Bretter insgesamt?

Ein Aquarium aussuchen

Yasar möchte sich ein Aquarium in sein Zimmer stellen.
Einen Unterschrank hat er bereits günstig im Internet erworben. Dieser hat folgende Maße: Breite 1,50 m, Höhe: 0,70 m, Tiefe 0,60 m.
Auf den Schrank darf ein Aquarium mit maximal 500 kg Gewicht.

Nun sucht er nach einem passenden Aquarium. Yasar muss aufpassen, dass das Aquarium an keiner Seite übersteht und im gefüllten Zustand nicht zu schwer ist.

Aquarium 1

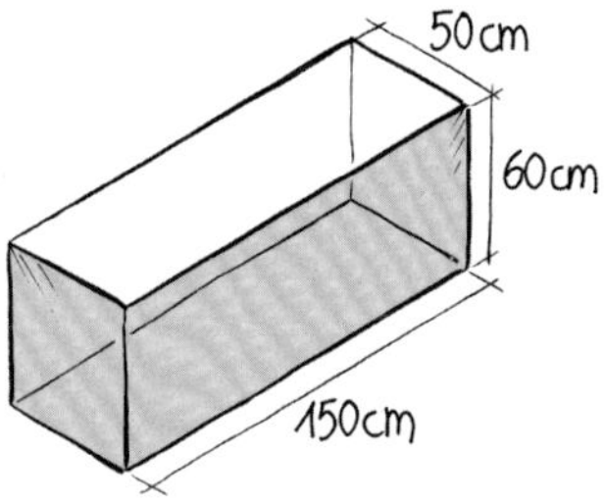

Aquarium 2

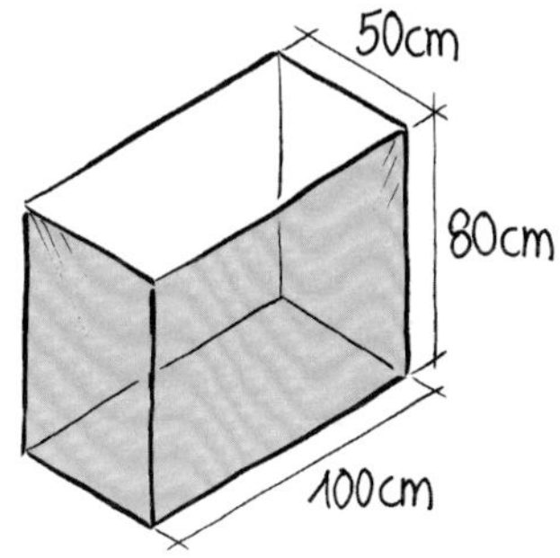

Aquarium 3

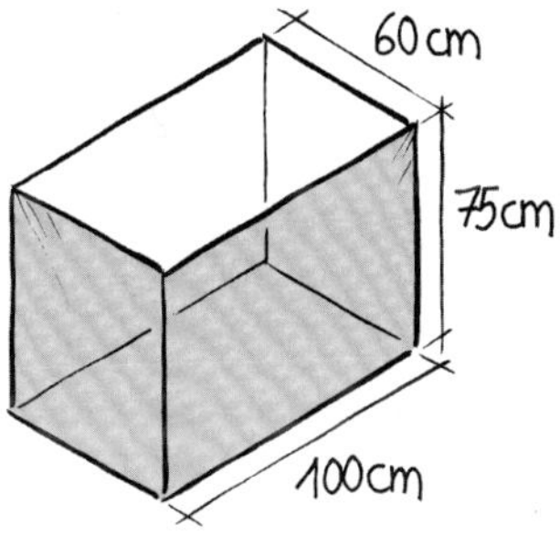

Aquarium 4

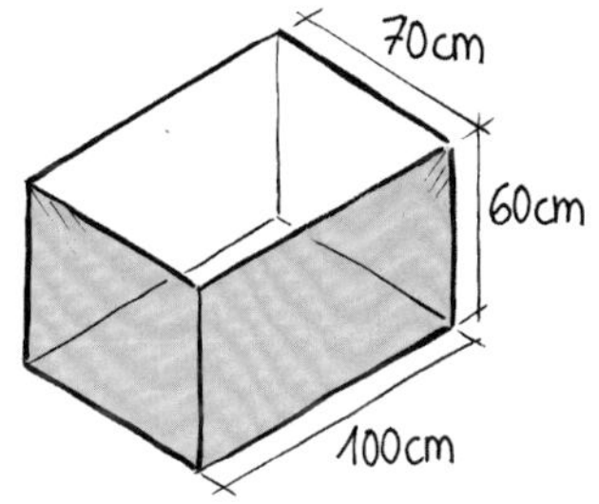

Aquarium 5

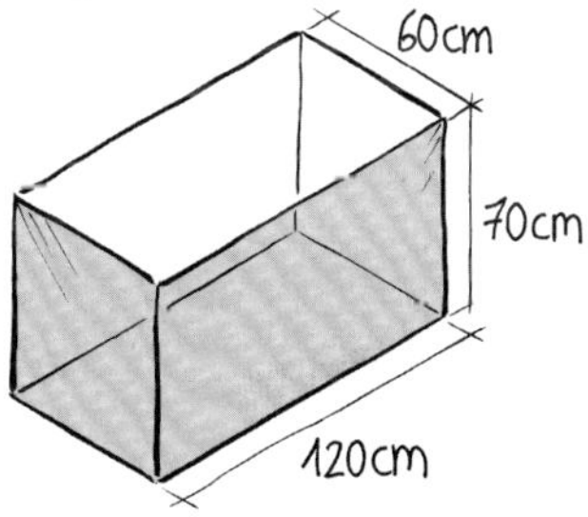

Aquarium 6

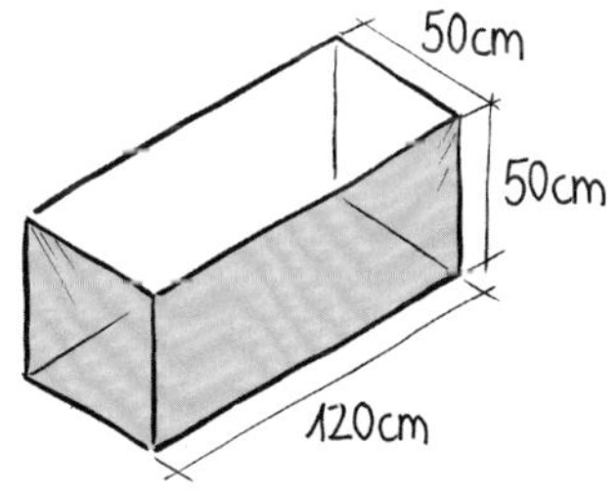

Rechne im Heft.
Schreibe Frage, Rechnung und Antwort in dein Heft.

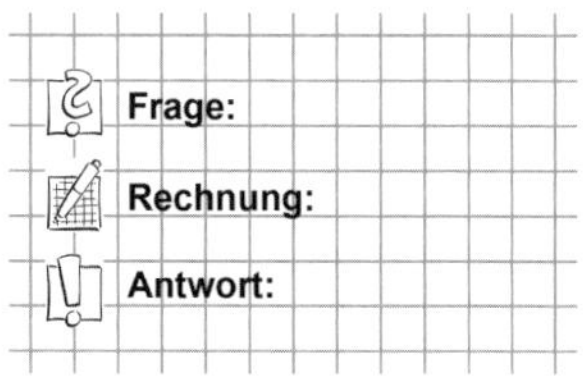

❶ Welche Aquarien passen mit ihren Maßen auf den Unterschrank?

❷ Wie groß ist jeweils das Volumen der in Frage kommenden Aquarien?

❸ Wie schwer sind diese Aquarien im gefüllten Zustand?

❹ Welches Aquarium könnte Yasar kaufen?

1000 cm³ = 1 dm³ = 1 l
1 l Wasser wiegt 1 kg

Eine Einweihungsfeier planen

Anton ist in eine eigene Wohnung gezogen. Jetzt plant er seine Einweihungsfeier. Es sind 14 Freunde eingeladen. Er hat folgende Rezepte ausgesucht:

------------- Partyrezepte -------------

Partysuppe:
(für 5 Personen)
1 kg Gehacktes
2 Zwiebeln
3 Paprikaschoten
2 Dosen Kidneybohnen
7 große Kartoffeln
½ Tube Tomatenmark
2 Gläser Zigeunersoße
Salz und Pfeffer

-------------- Partyrezepte --------------

Kirsch-Quark-Nachspeise:
(für 4 Personen)
200 g Quark
100 g Marmelade
160 g Kirschen
200 ml Schlagsahne
120 g Schokostreusel

-------------- Partyrezepte --------------

Cocktail:
(für 3 Personen)
½ l Orangensaft
Saft von 1 ½ Zitronen
⅛ l Grenadine
¼ l Soda

Hilf Anton beim Anpassen der Rezepte.

Rechne im Heft.

❶ Für wie viele Personen muss Anton die Zutaten einkaufen?

❷ Rechne die Zutaten für alle Personen für die Partysuppe aus. Schreibe das angepasste Rezept in dein Heft.

❸ Rechne die Zutaten für alle Personen für die Nachspeise aus. Schreibe das angepasste Rezept in dein Heft.

❹ Rechne die Zutaten für alle Personen für den Cocktail aus. Schreibe das angepasste Rezept in dein Heft.

Sina, Leonie und Anna wohnen in einer WG. Gestern haben sie ihre Nebenkostenabrechnung erhalten. Sie müssen 100 € für ihren Wasserverbrauch nachzahlen. Jetzt überlegen die drei gemeinsam, wie sie Wasser sparen können.

Hilf Sina, Leonie und Anna beim Rechnen.

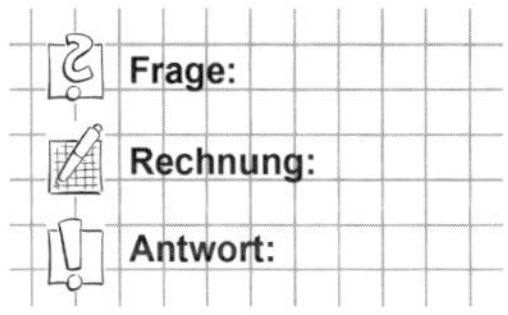

Rechne im Heft.
Schreibe Frage, Rechnung und Antwort in dein Heft.

1. Wie viel Liter Wasser können die 3 Mädchen am Tag beim Zähneputzen sparen?
2. Wie viel Liter Wasser können sie im Monat beim Zähneputzen sparen?
3. Wie viel Liter Wasser können sie im Jahr beim Zähneputzen sparen?
4. Wie viel Geld können sie am Tag beim Zähneputzen sparen?
5. Wie viel Geld können sie im Monat beim Zähneputzen sparen?
6. Wie viel Geld können sie im Jahr beim Zähneputzen sparen?
7. Wie viel Liter Wasser können sie in der Woche beim Duschen und Baden sparen?
8. Wie viel Liter Wasser können sie im Jahr beim Duschen und Baden sparen?
9. Wie viel Geld können sie in der Woche beim Duschen und Baden sparen?
10. Wie viel Geld können sie im Jahr beim Duschen und Baden sparen?
11. Wie viel Geld können sie insgesamt im Jahr an Wasserkosten sparen?

> 1 m³ Wasser
> = 1000 Liter
>
> 1 Woche = 7 Tage
> 1 Monat = 30 Tage
> 1 Jahr = 12 Monate
> = 52 Wochen

Fabian und Manuel wohnen in einer WG. Heute haben sie ein Schreiben der Stadtwerke erhalten, dass der Strompreis um 2 ct auf 0,28 € pro kWh erhöht wurde. Gemeinsam überlegen sie, wie sie Strom sparen können.

Manuel: Strom ist ganz schön teuer. Das können wir uns bald gar nicht mehr leisten.

Fabian: Wenn wir unsere Geräte nicht immer im Standby lassen, sondern ausschalten, können wir vielleicht Geld sparen.

Manuel: Dann lass uns mal eine Liste machen und ausrechnen, ob sich das lohnt.

Standby = Standby-Modus
= Ruhezustand
= Betriebsbereitschaft

Gerät	Dauer der Gerätenutzung am Tag	Standby-Zeit der Geräte am Tag	Stromverbrauch im Standby-Modus pro Stunde	Stromverbrauch im Standby-Modus pro Tag
Fernseher	3 Stunden	21 Stunden	0,006 kWh	
Hifi-Anlage	2 Stunden		0,01 kWh	
PC mit Monitor	1 Stunde		0,012 kWh	
Spielekonsole	2 Stunden		0,003 kWh	
DVD-Rekorder	1 Stunde		0,008 kWh	
Kaffeevollautomat	0,5 Stunden		0,004 kWh	
Mikrowelle	0,5 Stunden		0,002 kWh	
			gesamt:	

Hilf Fabian und Manuel dabei.

Rechne im Heft.
Schreibe Frage, Rechnung und Antwort in dein Heft.

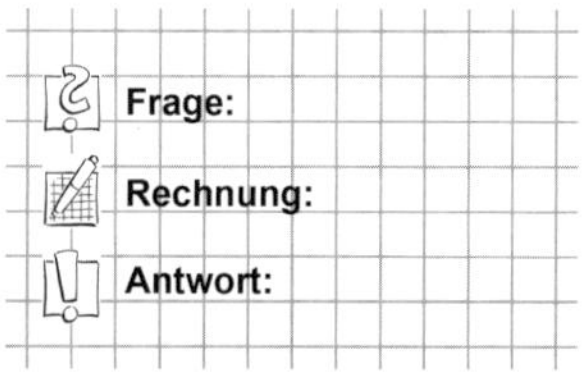

kWh = Kilowattstunde
1 Jahr = 365 Tage

❶ Wie viele Stunden sind die Geräte pro Tag im Standby? Schreibe deine Ergebnisse in die Tabelle.

❷ Wie viel kWh Strom verbrauchen die einzelnen Geräte am Tag im Standby-Modus? Schreibe deine Ergebnisse in die Tabelle.

❸ Wie viel kWh Strom verbrauchen alle Geräte zusammen am Tag im Standby-Modus? Schreibe dein Ergebnis in die Tabelle.

❹ Wie viel Geld können Fabian und Manuel am Tag sparen?

❺ Wie viel Geld können die beiden im Jahr sparen?

Susanne, Tamara, Cindy, Shirin, Emre, Nino, Marcel und Li (alle 16 Jahre) wollen an einem Samstagnachmittag von 15:00 Uhr bis 18:00 Uhr ins Erlebnisbad gehen. Die vier Mädchen haben ihren Schülerausweis dabei.

Eintrittspreise Erlebnisbad		
3-Stunden-Karte	**montags bis freitags**	**samstags, sonntags, feiertags**
Erwachsene	6,50 Euro	7,50 Euro
Kinder (bis einschließlich 15 Jahre), Schüler und Studenten (nur mit gültigem Schüler-/ Studentenausweis)	4,00 Euro	4,50 Euro
Familienkarte A Lebensgemeinschaft mit eigenen Kindern (bis einschließlich 15 Jahre)	16,00 Euro	18,50 Euro
Familienkarte B Ein Elternteil mit eigenen Kindern (bis einschließlich 15 Jahre)	13,50 Euro	15,50 Euro
Gruppenkarte (8 Personen)	39,20 Euro	45,60 Euro
Tageskarte	**montags bis freitags**	**samstags, sonntags, feiertags**
Erwachsene	9,00 Euro	10,00 Euro
Kinder (bis einschließlich 15 Jahre), Schüler und Studenten (nur mit gültigem Schüler-/Studentenausweis)	6,00 Euro	6,50 Euro
Gruppenkarte (8 Personen)	55,20 Euro	61,60 Euro

Rechne im Heft.
Schreibe Frage, Rechnung und Antwort in dein Heft.

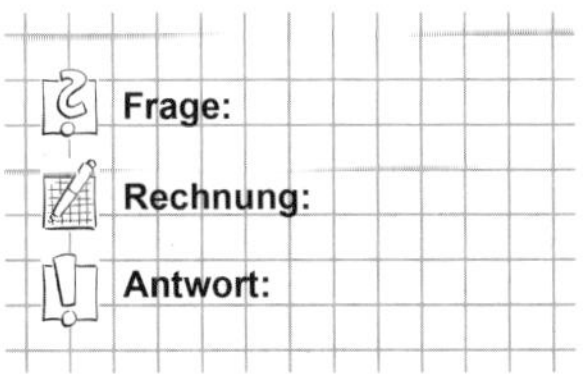

❶ Wie viel Euro müssen die Freunde insgesamt für den Eintritt bezahlen, wenn sie Einzeltickets nehmen?

❷ Ist ein Gruppenticket günstiger als Einzeltickets? Wie viel Euro muss jeder bezahlen, wenn der Preis geteilt wird?

Die Mädchen wollen jeweils nicht mehr als 4,00 € vom Gruppenticket bezahlen. Die Jungen überlegen, ob trotzdem ein Gruppenticket am günstigsten ist. Sie wollen die Differenz (aus Gruppenticket und Anteil der Mädchen) durch 4 teilen.

❸ Wie viel Euro muss jeder Junge für den Eintritt bezahlen, wenn die Freunde ein Gruppenticket nehmen?

❹ Ist für die Jungen trotzdem ein Gruppenticket günstiger?

Mira möchte mit ihren 8 Freundinnen ein Musikfestival besuchen.
Das Festival beginnt Freitagmittag und endet Sonntagabend.
Die Mädchen möchten auf dem Festivalgelände zelten. Mira, ihre Freundin Vanessa und Ayshe bringen jeweils ein 3-Personen-Zelt mit.

Großes MUSIKFESTIVAL am Wochenende
Eintritt pro Person 47,50 €
Zeltplatz pro Zelt und Nacht 3,90 €
Frühstücksbuffet pro Person und Tag 4 €
Müllgebühr auf dem Zeltplatz 15 € pro Zelt

Rechne im Heft.
Schreibe Frage, Rechnung und Antwort in dein Heft.

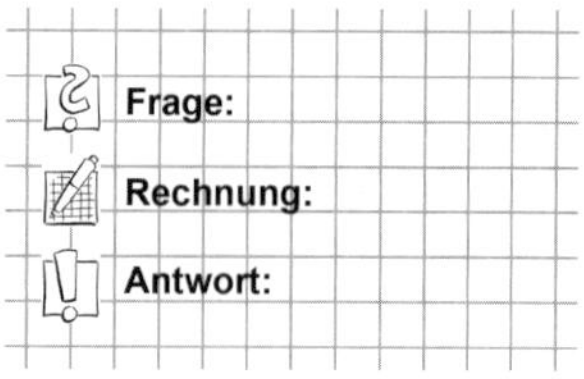

❶ Wie viele Nächte zelten die Freundinnen auf dem Festivalgelände?

❷ Wie viele Zeltplätze benötigen die Mädchen?

❸ Wie viel Euro kostet das Zelten für das Wochenende insgesamt?

❹ Wie viel Euro muss jedes Mädchen für das Zelten bezahlen?

❺ Wie viel Euro kostet das Frühstücksbuffet für jedes Mädchen für das Wochenende?

❻ Wie viel Euro muss die Gruppe an Müllgebühren bezahlen?

❼ Wie viel Euro muss jedes Mädchen an Müllgebühren bezahlen?

❽ Wie viel Euro muss jedes Mädchen für das Festivalwochenende bezahlen?

Mira hat für das Festival 150 € gespart.

❾ Wie viel Euro bleiben ihr nach Abzug der Eintritts- und Übernachtungskosten übrig?

Mira möchte sich auf dem Festival noch für 15 € ein T-Shirt ihrer Lieblingsband kaufen.

❿ Wie viel Euro bleiben Mira noch übrig?

⓫ Wie viel Euro kann Mira pro Tag für Getränke und Essen ausgeben?

Kosten fürs Fußballstadion

AB 43

Marvin geht gerne mit seinem Schulfreund Amet ins Fußballstadion nach Kassel. Ab morgen können sie sich Karten für die neue Saison im Internet bestellen. Die beiden Freunde schauen den Spielplan durch, wie viele Heimspiele sie besuchen können. Ihre Eltern erlauben ihnen nur samstags und sonntags Spiele zu besuchen.

Anstoß	Heimmannschaft	Gastmannschaft
Di. 05.08. 19:00 Uhr	KSV Hessen Kassel	FK Pirmasens
Sa. 16.08. 14:00 Uhr	KSV Hessen Kassel	Wormetia Worms
Mi. 27.08. 19:00 Uhr	KSV Hessen Kassel	SC Freiburg II
Fr. 05.09. 19:00 Uhr	KSV Hessen Kassel	SV 07 Elversberg
Sa. 20.09. 14:00 Uhr	KSV Hessen Kassel	SVN Zweibrücken
Fr. 03.10. 15:30 Uhr	KSV Hessen Kassel	TuS Koblenz
Sa. 18.10. 14:00 Uhr	KSV Hessen Kassel	1. FC Saarbrücken
So. 02.11. 14:00 Uhr	KSV Hessen Kassel	SV Eintracht Trier
Sa. 22.11. 14:00 Uhr	KSV Hessen Kassel	1899 Hoffenheim II

Anstoß	Heimmannschaft	Gastmannschaft
Sa. 06.12. 14:00 Uhr	KSV Hessen Kassel	SpVgg Neckarelz
Sa. 07.03. 14:00 Uhr	KSV Hessen Kassel	FC 08 Homburg
Sa. 21.03. 14:00 Uhr	KSV Hessen Kassel	FC-Astoria Walldorf
Di. 31.03. 19:00 Uhr	KSV Hessen Kassel	KSV Baunatal
Sa. 11.04. 14:00 Uhr	KSV Hessen Kassel	FC Nöttingen
Fr. 24.04. 19:30 Uhr	KSV Hessen Kassel	SV Waldhof Mannheim
Sa. 09.05. 14:00 Uhr	KSV Hessen Kassel	1. FC Kaiserslautern II
Sa. 23.05. 14:00 Uhr	KSV Hessen Kassel	Kickers Offenbach

Eintrittspreise Fußballstadion

	Schüler	Erwachsene
Heimspiel Stehplatz	5,50 €	7,00 €
Heimspiel Sitzplatz	13,50 €	15,00 €
Dauerkarte Stehplatz	90,00 €	100,00 €

Rechne im Heft.
Schreibe Frage, Rechnung und Antwort in dein Heft.

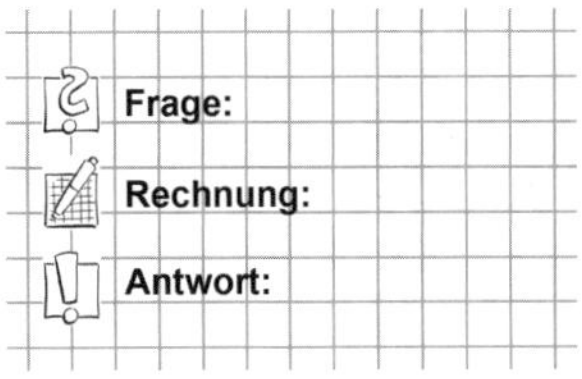

❶ Wie viele Spiele können Marvin und Amet besuchen?

❷ Wie viel muss jeder für die Saison bezahlen, wenn sie Stehplatzkarten bestellen?

❸ Wie viel muss jeder für die Saison bezahlen, wenn sie Sitzplatzkarten bestellen?

❹ Wie viele Spiele muss man besuchen, damit sich eine Dauerkarte lohnt?

❺ Lohnt sich für Marvin und Amet eine Dauerkarte?

Geburtstagsparty

Thilo wird in 2 Wochen 18 Jahre alt. Jetzt plant er seine Geburtstagsparty. Er hat 45 Gäste eingeladen. Leider haben bereits 4 Freunde abgesagt. Thilos Vater hat ihm aufgeschrieben, wie viele Getränke und Essen er für 10 Personen rechnen soll.

Getränke und Essen
für 10 Personen:

- 4 l Wasser
- 5 l Cola, Limo
- 10 l Bier
- 3 l Apfelwein

- 15 Würstchen
- 20 Steaks

Getränkemarkt

(Hinweis: Abgabe nur in ganzen Kisten,
Preis ohne Pfand,
Lieferung kostenlos)

Kiste Bier 24 x 0,33 l	13,99 €
Kiste Wasser 12 x 0,75 l	6,49 €
Kiste Cola, Fanta, Sprite 12 x 1,5 l	14,49 €
Kiste Apfelwein 4 x 0,75 l	6,99 €

Lebensmittelmarkt

Bratwürstchen 6 Stück	4,89 €
Bratwürstchen 10 Stück	7,09 €
Steaks 5 Stück	6,95 €
Steaks 10 Stück	11,90 €

Rechne im Heft.
Schreibe Frage, Rechnung und Antwort in dein Heft.

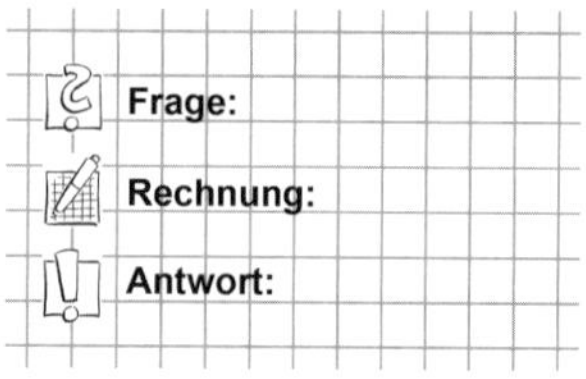

❶ Für wie viele Personen muss Thilo einkaufen?

❷ Wie viele Kisten Getränke muss Thilo jeweils bestellen?

❸ Wie viel Euro muss Thilo für die Getränke bezahlen?

❹ Wie viele Würstchen muss Thilo kaufen?

❺ Wie viele Würstchen-Packungen welcher Größe kauft Thilo?

❻ Was muss Thilo für die Würstchen bezahlen?

❼ Wie viele Steaks muss Thilo kaufen?

❽ Wie viele Steak-Packungen welcher Größe kauft Thilo?

❾ Was muss Thilo für die Steaks bezahlen?

❿ Wie viel Euro muss Thilo für den gesamten Party-Einkauf bezahlen?

Familie Thomasen möchte in den Urlaub fliegen. Sohn Florian (11 Jahre) und die Töchter Marie (15 Jahre) und Fabienne (9 Jahre) blättern im Reisekatalog. Ein Hotel an der Türkischen Riviera gefällt den Kindern ganz besonders.

Hotel Türkische Riviera						
Flug pro Person 336,- €		Reisezeiten				
Preise in Euro pro Person und Übernachtung	Verpflegung	01.05.-16.05. 23.10.-31.10.	17.05.-30.05. 11.10.-22.10.	31.05.-20.06. 27.09.-10.10.	21.06.-11.07. 23.08.-26.09.	12.07.-22.08.
DZ	AI	70	82	93	98	102
	HP	59	71	82	87	91
DZ = EZ	AI	106	125	142	149	156
	HP	95	114	131	138	145
FZ (= Familienzimmer) Kinder bis 2 Jahre: Hotel frei 1. Kind (2–12 Jahre): –25% 2.+3. Kind (2–12 Jahre): –50%	AI	143	167	188	196	205
	HP	132	156	177	185	194
Dieses Hotel kann nur in einem Pauschalarrangement gebucht werden, nicht als NUR-Hotel.						
Frühbucher : 15 % auf Hotelpreis bei Buchung vom 01.02.–31.03.			**Super-Frühbucher:** 20 % auf Hotelpreis bei Buchung bis 31.01.			

Am 25.02. möchten die Eltern den Urlaub buchen. Sie wollen am 18.06. in den Urlaub starten. Die Familie kann nicht mehr als 7000 € für Flug und Hotel ausgeben.

Rechne im Heft.
Schreibe Frage, Rechnung und Antwort in dein Heft.

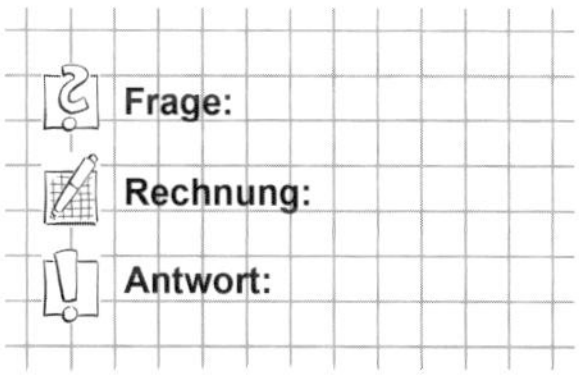

❶ Für wie viele Erwachsene und wie viele Kinder muss die Familie buchen?

Familie Thomasen möchte ein Familienzimmer (FZ) mit All-inclusive Verpflegung (AI) buchen.

❷ Wie viel Euro kosten 6 Übernachtungen für einen Erwachsenen bei Buchung am 25.02.?

❸ Wie viel Euro kosten 6 Übernachtungen für das erste Kind?

❹ Wie viel Euro kosten 6 Übernachtungen für das zweite Kind?

❺ Wie viel Euro kosten 6 Übernachtungen für die ganze Familie?

❻ Wie viel Euro kostet der Urlaub inklusive Flug und Hotel für die ganze Familie?

❼ Kann sich die Familie einen zweiwöchigen Urlaub in diesem Hotel leisten?

Emilia und Stefan gehen auf die Kirmes. Sie wollen Glücksrad spielen und Lose kaufen. Hilf den beiden bei ihren Entscheidungen.

Glücksrad 1

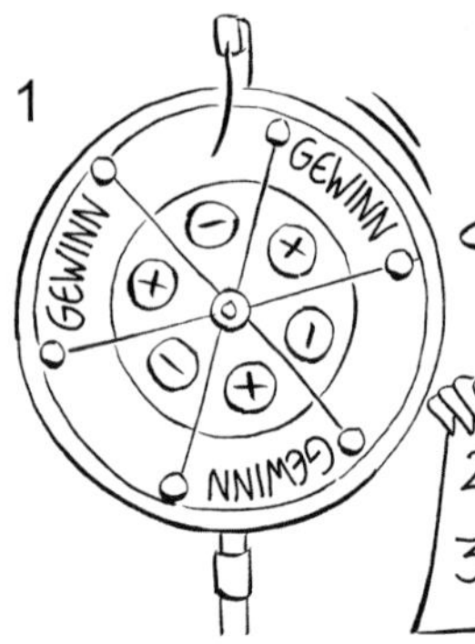

Glücksrad 2

Rechne im Heft.
Schreibe Frage, Rechnung und Antwort in dein Heft.

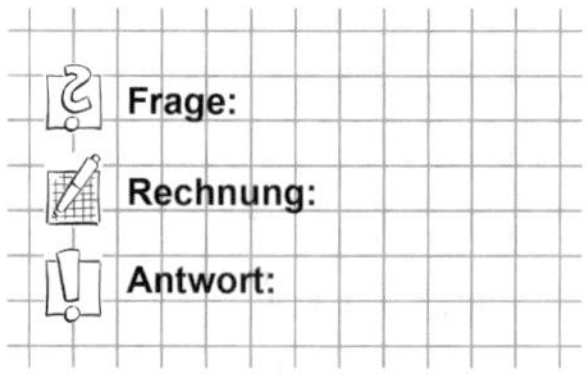

❶ Bestimme die Gewinnchancen der einzelnen Glücksräder als Bruch.

❷ Erweitere oder kürze auf einen gemeinsamen Nenner und vergleiche.

❸ Für welches Glücksrad würdest du dich entscheiden? Begründe.

Los-Topf 1

Los-Topf 2

❹ Bestimme die Gewinnchancen der einzelnen Los-Töpfe als Bruch.

❺ Erweitere oder kürze auf den Nenner 100.

❻ Gib die Gewinnchancen in Prozent an.

❼ Für welchen Topf würdest du dich entscheiden? Begründe.

Emilia hat 7 € Taschengeld übrig. Sie möchte noch Lose kaufen und am Rad spielen.

❽ Wie oft kann Emilia noch Glücksrad spielen und wie viele Lose kann sie kaufen? Gib 3 verschiedene Möglichkeiten an.

Stefan hat noch 5,50 € Taschengeld übrig. Auch er möchte noch Lose kaufen und am Glücksrad spielen.

❾ Wie oft kann Stefan noch Glücksrad spielen und wie viele Lose kann er kaufen? Gib 3 verschiedene Möglichkeiten an.

Uma möchte ihre Eltern mit einem Sonntagsfrühstück überraschen.
Sie möchte fertige Brötchen aufbacken sowie Frühstückseier und selbstgemachte Pfannkuchen zubereiten.
Uma möchte, dass Brötchen, Frühstückseier und Pfannkuchen zeitgleich fertig sind.

Auf der Brötchenpackung findet sie eine Anleitung.
Außerdem hat ihre Oma ihr einen Zettel gegeben.

Ein weiches Ei muss etwa 5 Minuten und ein hartes Ei etwa 7 Minuten im kochenden Wasser liegen.

Gruß Oma

Umas Mutter isst ihr Frühstücksei am liebsten weich, Umas Vater und Uma selbst essen es am liebsten hart. Für die Zubereitung der Pfannkuchen plant Uma 23 Minuten ein. Brötchen, Eier und Pfannkuchen sollen um 10 Uhr fertig sein.

Rechne im Heft.
Schreibe Frage, Rechnung und Antwort in dein Heft.

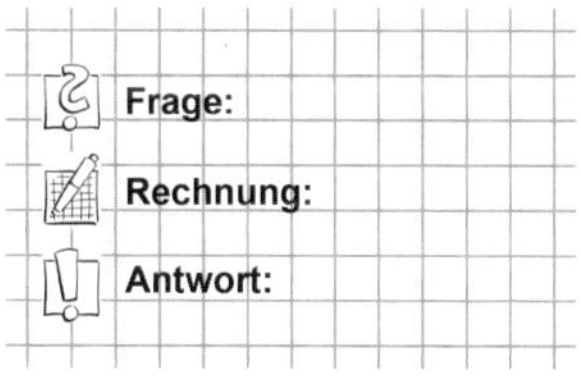

❶ Um wie viel Uhr muss Uma die Brötchen in den Ofen legen?

❷ Um wie viel Uhr müssen die Eier ins kochende Wasser gelegt werden? Achte auf die unterschiedlichen Härtegrade.

❸ Um wie viel Uhr muss Uma spätestens mit der Zubereitung der Pfannkuchen beginnen?

Bevor sie mit der Zubereitung des Frühstücks anfängt, möchte Uma noch den Tisch richtig schön decken. Hierfür plant sie 13 Minuten ein.

❹ Um wie viel Uhr muss Uma mit dem Decken des Tisches beginnen?

Nach dem Aufstehen möchte Uma sich im Bad fertig machen, dann den Tisch decken und im Anschluss das Frühstück zubereiten. Sie plant 35 Minuten im Bad ein.

❺ Um wie viel Uhr muss Uma am Sonntag spätestens aufstehen?

Wanderung am 1. Mai

Carsten, Luca und Kumar planen ihre Wanderung am 1. Mai.
Sie starten am Parkplatz und möchten gerne mindestens 15 km und höchstens 18 km wandern.

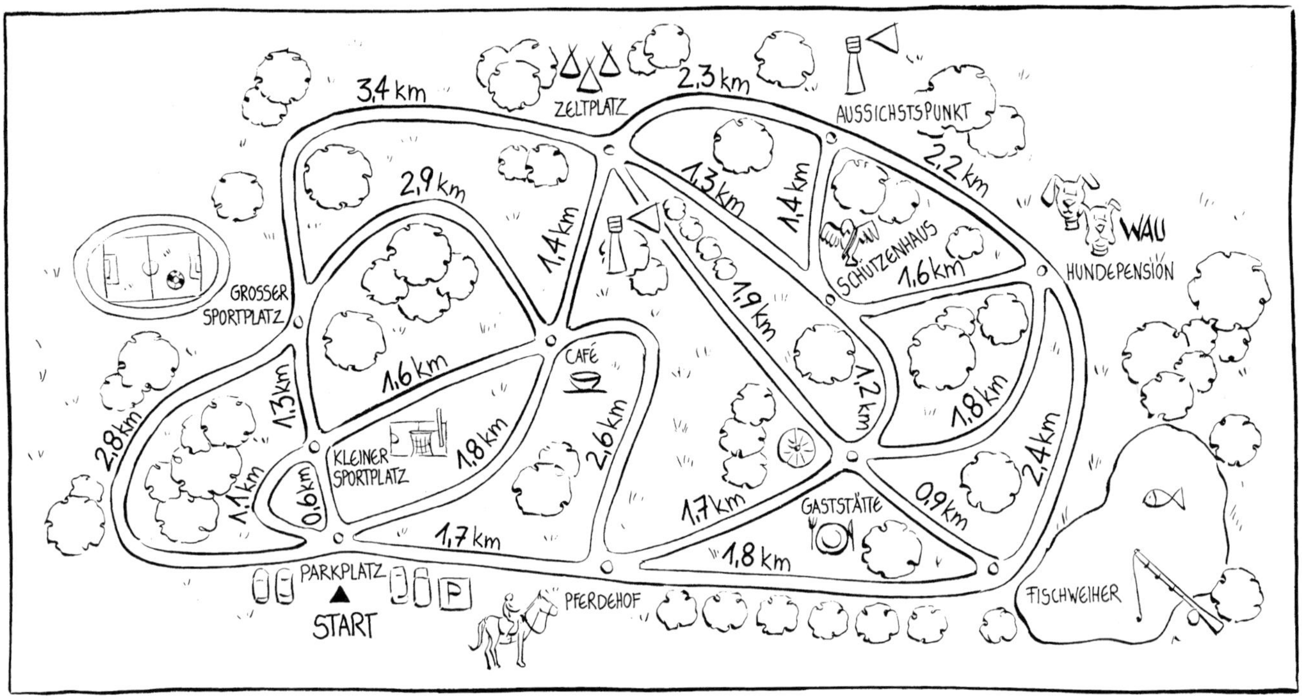

Die Jungen planen, dass sie 2 Kilometer in 30 Minuten laufen.

Arbeite im Heft.

❶ Wie lange möchten die Jungen mindestens wandern? Gib Stunden und Minuten an.

❷ Wie lange möchten die Jungen höchstens wandern? Gib Stunden und Minuten an.

❸ Wie lange sind die Jungen mindestens unterwegs, wenn sie für zwei kleine Pausen je 10 Minuten und für eine große Pause 1,5 Stunden einplanen?

❹ Wie lange sind die Jungen höchstens unterwegs, wenn sie für zwei kleine Pausen je 10 Minuten und für eine große Pause 1,5 Stunden einplanen?

Carsten möchte gerne am Schützenhaus vorbei wandern, Luca am Fischweiher und Kumar möchten auf jeden Fall den Aussichtspunkt sehen. Außerdem wollen die Jungen entweder am Cafè oder der Gaststätte vorbeikommen.

❺ Markiere zwei verschiedene Wanderrouten in der Karte.

❻ Rechne aus, wie viele km lang deine Wanderrouten sind.

❼ Wie lange sind die Jungen unterwegs, wenn sie deine kürzere Route nehmen. Denke auch an die Pausen.

Ein Kleintiergehege bauen

Falk hat zu seinem Geburtstag zwei Hasen bekommen. Er möchte im Garten ein Freilaufgehege bauen.
Im Internet hat er herausgefunden, dass ein Hase eine Grundfläche von mindestens 2,7 m² benötigt. Jeder weitere Hase benötigt zusätzlich mindestens 0,8 m². Falk möchte ein um 50 % größeres Gehege bauen als das Mindestmaß.

Arbeite im Heft.

❶ Wie groß muss die Fläche des Geheges mindestens sein? Gib sie in m² an.

❷ Das Gehege soll rechteckig sein. Zeichne zwei Möglichkeiten in dein Heft. Zeichne im Maßstab 1:100.

Maßstab 1:100 heißt: 1 cm in deiner Zeichnung sind 100 cm in der Wirklichkeit.

Falks Schwester möchte auch ihre beiden Meerschweinchen in das Freilaufgehege setzen. Pro Meerschweinchen soll eine Grundfläche von 0,75 m² hinzukommen.

❸ Wie groß wird das Gehege nun? Gib es in m² an.

❹ Das Gehege soll rechteckig sein. Zeichne zwei Möglichkeiten in dein Heft. Zeichne im Maßstab 1:100.

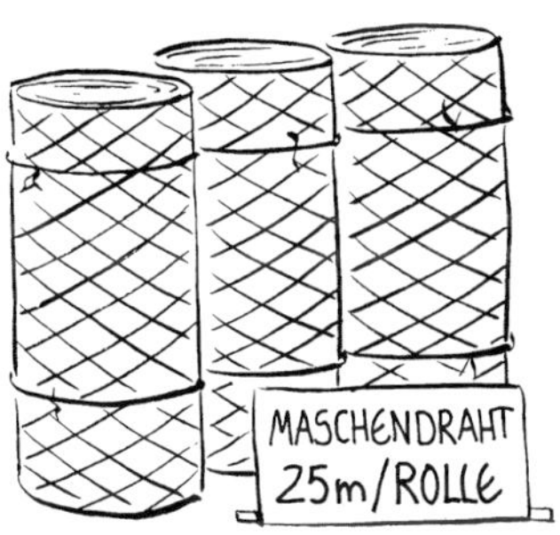

Falk möchte das Gehege aus Maschendraht und Pfosten bauen.
Die Pfosten sollen aus Dachlatten auf die richtige Länge gesägt werden.
Der Draht soll dann mit einem Tacker an den Pfosten befestigt werden.
Das rechteckige Gehege soll 75 cm hoch werden.
An den vier Ecken soll je ein Pfosten stehen. Für eine gute Stabilität möchte Falk nach jedem Meter einen weiteren Pfosten setzen. Die Pfosten sollen jeweils 20 cm in den Boden kommen.

❺ Wie lang müssen die einzelnen Pfosten jeweils sein?

❻ Wie viele Pfosten kann Falk aus einer Dachlatte sägen?

Wähle eine deiner zwei Möglichkeiten für das Gehege aus.

❼ Wie viele Pfosten benötigt Falk?

❽ Wie viele Dachlatten muss Falk kaufen?

❾ Wie viele Meter Maschendraht benötigt Falk?

Sarina und Antonia helfen in ihrem Sportverein ein Badminton-Turnier zu organisieren. Heute sollen sie den Spielplan erstellen.
Für dieses Turnier haben sich 12 Kinder angemeldet. Sarina und Antonia teilen die Kinder in zwei Gruppen ein. In diesen Gruppen soll jeder gegen jeden spielen.

Mia Timon Annabell Chantal Dario Murat

Robin Thai Benni Marta Yasmin Halime

Frage: Wer spielt gegen wen? Schreibe die Namen für alle Spielpaarungen der beiden Gruppen auf.

Gruppe 1

______ : ______
______ : ______
______ : ______
______ : ______
______ : ______
______ : ______
______ : ______
______ : ______
______ : ______
______ : ______
______ : ______
______ : ______
______ : ______
______ : ______
______ : ______

Gruppe 2

______ : ______
______ : ______
______ : ______
______ : ______
______ : ______
______ : ______
______ : ______
______ : ______
______ : ______
______ : ______
______ : ______
______ : ______
______ : ______
______ : ______
______ : ______

Das Turnier soll von 10 Uhr bis 14 Uhr dauern.
Die beiden Gruppen spielen in zwei Hallenteilen gleichzeitig.
Zwischen den Spielen soll immer eine Pause von 3 Minuten sein.

Frage: Wie lange darf jedes Spiel dauern? Schreibe nur volle Minuten auf.

Antwort: ______________________

Tipp:
Wie viele Spiele sind es?
Wie viele Pausen gibt es?
Wie lange dauert das Turnier insgesamt?
Wie lange ist die Spielzeit ohne Pausen?

Jederzeit optimal vorbereitet in den Unterricht?

»